自然流微積分

～20世紀からの覚醒～

山﨑洋平 著

現代数学社

▰▰▰ プロローグ ▰▰▰

　本書は連載記事「微分積分学実践講座」(「現代数学(旧名・理系への数学)」2012年10月号から都合20回連載，現代数学社)に修正・加筆し，さらに5つの章を加えたものである．

　本書の中心的な目的は旧来の理論では説明できない実例を踏まえた充実した理論の再構築であり，これは本書の姉妹編である「納得しない人のための…微分積分学再入門(現代数学社 2012年3月)」から表面化したものである．

　微積分は通常，すでに完成した体系であると思われている．しかし現実には正しい結論を導く多くのふつうの計算がなおざりにされている．その典型が広義積分と極限の交換である．こういった計算のいくつかはルベーグ積分のもと独特の条件で解釈できる．しかし所詮こういった独特の条件を一般的に解消することはできない．そしてこの条件に該当しないという理由により，まだまだ多くのふつうの計算が正しい結論を導いているにもかかわらず一世紀にわたって放置されている．

　また旧来，「曲面の面積」の定義には「曲線の長さ」では要求されない「微分」に関する条件がさも当然のように前面に出てきている．さて「集合としての曲面」の面積については姉妹編ですでに微分条件を回避できた．しかしそれを「写像としての曲面」の広さに転用するに当たっては，故あって少々作為的な定義を用いていた．しかし自然流で一貫させるため，連載後に追加した末尾の4章においては本来あるべき素直な定義を模索することにした．その結果，一応の申し開きができる形に達したといえるであろう．

本書ではその理論構成の上で自然発生的に出現しそうなあらゆる陳述に対してその真偽を判定する手段を提供し実践する．こういった点に関して通り一遍の結論でお茶を濁すのを避ける以上は，体系自体を抜本的に洗い直すことは避けられない．旧来の数学の風景を知っていること自体は有益であるが，その限界を突破するためには旧体系にとらわれない姿勢が望まれる．

2019 年 5 月 1 日

山﨑洋平

目 次

プロローグ i

第1章　極限と代入は違うのか？ 1
1. 「極限を求める」のにどうして変形が要るのか？ 1
2. 「極限値」はどうやって思いつくのか？ 3
3. 「極限を求める」とは「極限」を「求める」ことか？ 4
4. 代入可能な形への変形　…$\sqrt{}$ の解消 6
5. 一般的な代数関数の極限 7
6. 超越関数登場 9

第2章　超越関数の極限と代入 11
1. 対数関数と指数関数 11
2. $\dfrac{\sin\theta}{\theta}$ の極限　…はさみうちの原理 13
3. $\dfrac{\sin\theta}{\theta}$ の極限も代入で 15
4. 「1変数の広義積分」が絡む極限 16
5. キメラの木目 17
6. 列で書いた極限値 18

第3章　関数の連続性 21
1. 極限と連続性 21
2. 2つの「連続性」 23
3. 「一様連続」と「各点連続」 25

4.	積分の「連続性」	27
5.	多変数関数の「連続性」	29

第4章　0次連続写像と逆写像・陰関数の準備　31

1.	0次連続写像	31
2.	もう少し汎用な例	32
3.	逆写像が見つかる定番の例	35
4.	逆写像のお膳立て	37

第5章　0次同相埋め込みと逆写像　41

1.	0次同相埋め込み	42
2.	汎用な0次同相埋め込みをもう1つ	44
3.	前章からの積み残し例	45
4.	逆写像の定義域	46

第6章　1変数の微分　51

1.	平均変化率と導関数	51
2.	基本的な関数の平均変化率と導関数	53
3.	込み入った関数の導関数	55
4.	高次の平均変化率と高次の導関数	56

第7章　区間上の微分　59

1.	関数の多項式近似	59
2.	関数の増減	62
3.	de L'Hospital の定理の周辺	64

4．日常的な $\frac{\infty}{\infty}$ 型極限　　　　　　　　　　　65

第8章　R 線上の悪戯者たち(worrier)　　　　　　69
　　1．接ぎ目の軋(きし)み　　　　　　　　　　　　　69
　　2．本質的に微分できない連続関数　　　　　70
　　3．何回でも微分できる関数　　　　　　　　72
　　4．∞次連続関数こぼれ話　　　　　　　　　74
　　5．定めなき世の定め　　　　　　　　　　　76

第9章　多変数の微分　　　　　　　　　　　79
　　1．「x だけを変化」とは言うけど…　　　　80
　　2．$\partial u/\partial x$ とは何だ？　　　　　　　　　　　82
　　3．合成(代入)の偏平均変化率・偏微分　　83
　　4．浅き夢見じ　　　　　　　　　　　　　　86

第10章　多変数の微分(続)　　　　　　　　89
　　1．繰り返し偏微分と連鎖公式　　　　　　89
　　2．逆写像と偏平均変化率・偏導関数　　　91
　　3．多変数関数の多項式近似　　　　　　　92
　　4．極値問題　　　　　　　　　　　　　　　93
　　5．「正則関数」と偏微分　　　　　　　　　97

第11章　原始関数（不定積分）　　　　　　99
　　1．置換積分 …対数関数と指数関数　　　　99
　　2．置換積分 …その他の常套手段　　　　102

    3．置換積分 …2次式の $\sqrt{}$ ……………………… 103
    4．有理式の原始関数 ……………………………………… 105
    5．複素数を使うウラ技 …………………………………… 107

第12章　原始関数の見つけ方 …………………………… 109
    1．部分積分も少々 ………………………………………… 109
    2．log の無理性，超越性 ………………………………… 111
    3．初等関数から逸脱する積分 …………………………… 113
    4．Liouville の定理 ……………………………………… 114
    5．Liouville の定理を実行する ………………………… 116

第13章　広さと積分 ………………………………………… 119
    1．度量（広さ）…………………………………………… 120
    2．度量の基本的な性質 …………………………………… 122
    3．積分とその基本性質 …………………………………… 124
    4．微分積分学の基本定理 ………………………………… 126

第14章　稀薄なものの大きさ ……………………………… 129
    1．曲線の長さ ……………………………………………… 129
    2．1次連続なケース ……………………………………… 130
    3．凸関数がなす曲線 ……………………………………… 133
    4．柱体の側面積 …Schwarz の提灯（ちょうちん）…… 135
    5．蛇足 ……………………………………………………… 137

第15章　相対次元の度量 …………………………………… 139
    1．長さ・面積から「相対次元の度量」へ ……………… 140

    2．折れ線の近傍 ·· 142

    3．「長さ」とのすり合わせ ·· 145

第16章　直積と次元の魔　149

    1．直積の度量の片鱗 ·· 149

    2．一般的な直積 ·· 150

    3．非整数次元 ·· 152

    4．正の面積をもつ曲線 ·· 155

第17章　切り口と積分　159

    1．断面が連続的に変形するとは(1) ······································ 160

    2．微妙な話 ·· 163

    3．断面が連続的に変形するとは(2) ······································ 165

第18章　多変数積分の変数変換　169

    1．変数変換 ·· 169

    2．定番の変数変換 ·· 171

    3．あまり馴染みのない0次同相埋め込み ······························ 172

    4．積分値の実際 ·· 173

第19章　広義積分　177

    1．いわゆる「(1変数の)広義積分」 ······································ 177

    2．悪魔の囁き ·· 178

    3．「1変数の広義積分」は1変数限定 ·································· 181

    4．広義の度量と広義積分 ·· 182

5．加法性，負値もとる関数 …………………… 183

第20章　広義積分，その極限と累次積分　185
　　1．有界でない集合の切り口 …………………… 185
　　2．広義積分と極限の関係 ……………………… 187
　　3．納得しないユーザーのために ……………… 189
　　4．広義積分に関する累次積分 ………………… 191
　　5．広義積分の総括 ……………………………… 192

第21章　「1変数の広義積分」と極限の関係　193
　　1．多変数版の圏外を散策 ……………………… 193
　　2．「HUMAN」な設定 ………………………… 195
　　3．とらぬ狸 ……………………………………… 198

第22章　写像の度量と積分（有向版）　201
　　1．境目のうちそとと有向度量 ………………… 202
　　2．有向度量と有向積分 ………………………… 204
　　3．有向積分 ……………………………………… 207

第23章　写像の度量と積分（無向版）　209
　　1．新しい方式の無向度量 ……………………… 212
　　2．直積と懸垂写像における無向度量 ………… 213
　　3．曲線と1次連続写像 ………………………… 216
　　4．まだまだ心配ない話 ………………………… 218

第24章　有向度量と有向積分 …応用編　　221
1．基本定理　　221
2．Gauss, Green, Stokes の定理　　223
3．Gauss, Green, Stokes の定理の証明　　225
4．通常の教科書における Gauss, Green, Stokes の各定理　　225

第25章　無向度量，その不都合な事実　　229
1．奇妙な曲線たち　　230
2．奇妙な0次同相写像とその「無向度量」　　232
3．姉妹編方式の泣き所 …3次元の巻き付き写像　　234

エピローグ　　238

索引　　240

第1章　極限と代入は違うのか？

　今に始まったことでもないが，「極限を求める」なる作業を教えられた高校生の多くには，それがどうも「代入する」行為に見える．厳格な先生の言う「代入ではない，限りなく近づけている」に同化できればハッピーだが，中には呑み込めない生徒もいる．そこで酸いも甘いも心得た先生が現れ「実行上は代入するが，そのことを口に出してはいけない，あくまで『極限を求めた』と言い張りなさい」となだめてくれる…．

　幸いこの国では信条の自由が許されている．口先では「極限を求めた」と言い続けながら隠れ信者のごとく振る舞う，それが無難な世知というものではあろう．しかしそんな肩身の狭いことでは納得できないという人のために，もう少し掘り下げてみよう．本格的な議論は拙著「納得しない人のための…微分積分学(再)入門」(現代数学社 2012)を参照して頂きたい(以下「姉妹編」と略称)．

1.「極限を求める」のにどうして変形が要るのか？

　まずは例を挙げる：

例 1-1

$$\lim_{n\to\infty}\frac{(3n+1)(n^2-8)}{n^3+5} = \lim_{n\to\infty}\frac{(3+\frac{1}{n})(1-\frac{8}{n^2})}{1+\frac{5}{n^3}} = 3.$$

　うーん，…問題の値が所定の値に「近づく」ということになっては

いるが，そうだとしたら何故にこのような小細工じみた変形が要るのだろう？そもそも n ごとの値を求めるに当たっては割ったりしない方が素直ではないか．それに分子の第 1 因子を n で，第 2 因子を n^2 で割ったのは如何なる理由なのか，どうして逆にはしなかったのか？…「極限を求める」ためには伝承された技を習得する必要があるということなのだろうか．答えは変形した結果にあるように思われる．ここで $1/n$ を x と置いてみよう．

例 1-1'
$$\lim_{x \to 0} \frac{(\frac{3}{x}+1)(\frac{1}{x^2}-8)}{\frac{1}{x^3}+5} = \lim_{x \to 0} \frac{(3+x)(1-8x^2)}{1+5x^3} = 3.$$

こう置いてみればなぜ 1 乗と 2 乗に分けたかも見えてくる．x に関して記述した式を整理するという実に素朴な作業の反映なのである．本来の変数は n ではなく $x = 1/n$ なのではないだろうか？

そこでこんな声が聞こえてくる．…元々の問題は x が自然数の逆数というケースなのだから，その他の実数まで込めて収束したのはたまたまの幸運な例ということになる…．

例 1-2
$$\lim_{n \to \infty} \frac{n^3+5}{(3n+1)(n^2-8)} = \lim_{n \to \infty} \frac{1+\frac{5}{n^3}}{(3+\frac{1}{n})(1-\frac{8}{n^2})} = \frac{1}{3}.$$

この例では $\frac{1}{n}$ を x とすると分母が 0 になる x が生じるので実数の範囲で書くことすらできなくなる．その問題点は確かにあるが，分母が $(3n+1)(n^2-8)$ ではなく $(3n+1)(n^2-9)$ だったら変数値を自然数に限っても安泰ではない．$n \to \infty$ のときはある程度大きな自然数，$x \to a$ のときはある程度 a に近い実数に限定する（どの程度近ければ十

分かも明示的なケース）ということを暗黙の了解としているのである．もっと極端な例も視野に入れておこう．

> **例 1-3**
> $$\lim_{n\to\infty}(-1)^{2n}=1$$

これは n が自然数であることに迎合した例である．指数を $2n$ から n に換えると，変数 n が自然数のときでも収束しない．五十歩百歩というほかない．元の例は恒等的に 1 という値をとる列に $\frac{1}{n}=x$ を当てはめた結果得られた定数関数 1 に代入したと思うのが妥当であろう．

2．「極限値」はどうやって思いつくのか？

そもそも代入した結果を極限値だと早とちりしてはいけないといい，その一方で「列を見ていると彷彿としてくる」行く先が極限だというのだとしたら神憑っていてもっと気持ち悪い…．「極限値」は一体どうやって思いつくものなのか．

> **例 1-4**
> $$\lim_{x\to 2}x(2+\sqrt{x})(\sqrt{x+1}-1)$$

x に 2 を代入してはいけないというから近い数値を入れて追跡してみたところ，どうも 5 に近づきそうに見える．ちなみに電卓で代入値 $2\sqrt{6}+4\sqrt{3}-2\sqrt{2}-4$ を近似してみると約 4.998755 となるが，この代入値の方が「（たまたま）極限値に一致する」という．代入なしにこんな半端な値をどうやって思いつけというのか．結果が違うときに何桁まで計算したら「極限値」と区別できるのかも明示されていない．

…ところで問題を突き詰めるともっと本源的なところにまで遡る．

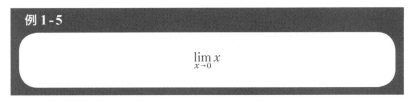

例 1-5
$$\lim_{x \to 0} x$$

　関数 x の極限値はいかにも 0 であろう．しかし，そう思った仕組みはどこにあるのか？「そこに $x \to 0$ と書いてあるから $x \to 0$ が結論される」，そういう一時しのぎは早晩行き詰まるというものである．

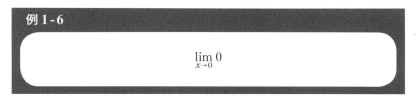

例 1-6
$$\lim_{x \to 0} 0$$

　「えぇーーーーっ！！」という声が聞こえてきそうである．しかし，x が 0 以外のときの情報からどうやって思いつくのか？ $x \to 0$ とは書いてあるが $0 \to 0$ とはどこにも書いてない．

3．「極限を求める」とは「極限」を「求める」ことか？

　いわゆる「極限を求める」を分析すれば「極限と思われる値を求める」，そのあと「極限値であることを確かめる」という2段階に分かれる．したがって求めるのは「極限と思われる値」であって「極限値」なのではないはずである．それでも「極限を求める」というのは目的意識が先走っているからであろう．

　その手の先走り表現が日本語にはかなりある．「湯を沸かす」，「ご飯を炊く」，「セーターを編む」…．どれも行為の対象ではなく行為の生成物を目的語にとっている．もっとよく似たところでは「掘り出し物を手に入れる」が挙げられる．この行為は有り体にいうと「気に入ったもの

を買う」ことなのである．買ったものの真贋は眼力のある部外者の判断を仰ぐしかない．こういう表現が罷り通るのは思い入れの仕業というほかあるまい．

　それでは「極限と思われる値」はいかにして求められるのか．もちろん代入できるときは代入するのが常道である．それが「極限値」そのものであるかどうかは後の章で取り上げる「連続性」についての議論に譲ることにして，ここでは直接代入するのが困難なケースに注目しよう．まずは有理式であるが分母分子共に代入値が0になるケースだと，そのままでは代入できない．こういうときはまず変数の行き先を0に「標準化」する，すなわち$y = x - a$とおき，分母分子のxに$y + a$を代入する．

例 1-7

$$\lim_{x \to 1} \frac{x^3 - 3x + 2}{x^3 - x^2 + x - 1}$$
$$= \lim_{y \to 0} \frac{(y+1)^3 - 3(y+1) + 2}{(y+1)^3 - (y+1)^2 + (y+1) - 1}$$
$$= \lim_{y \to 0} \frac{y^3 + 3y^2}{y^3 + 2y^2 + 2y}$$
$$= \lim_{y \to 0} \frac{y^2 + 3y}{y^2 + 2y + 2} = 0$$

例 1-8

$$\lim_{x \to 1} \frac{x^3 - x^2 + x - 1}{x^3 - 3x + 2}$$
$$= \lim_{y \to 0} \frac{(y+1)^3 - (y+1)^2 + (y+1) - 1}{(y+1)^3 - 3(y+1) + 2}$$
$$= \lim_{y \to 0} \frac{y^3 + 2y^2 + 2y}{y^3 + 3y^2}$$
$$= \lim_{y \to 0} \frac{y^2 + 2y + 2}{y^2 + 3y} \quad \cdots\cdots 発散$$

要するに y が分子分母の共通因子であれば両者を y で割っていく．その結果，最終的に分母が y で割りきれなくなれば分母の定数項が 0 でなくなり代入が可能である．しかし最終的に分母が y で割りきれる形となれば極限値をもたないことが分かる．

4．代入可能な形への変形 …$\sqrt{}$ の解消

$\sqrt{}$ が出現すると話は少々面倒になる．以下では変数の行き先が 0 に標準化されたものを扱う．

例 1-9

$$\lim_{x\to 0}\frac{(\sqrt{3}+\sqrt{3+x})(2-\sqrt{4-x})}{(1-\sqrt{1+x})(1+\sqrt{1-x})}$$

$$=\lim_{x\to 0}\frac{(1+\sqrt{1+x})(\sqrt{3}+\sqrt{3+x})(2-\sqrt{4-x})(2+\sqrt{4-x})}{(1+\sqrt{1+x})(1-\sqrt{1+x})(1+\sqrt{1-x})(2+\sqrt{4-x})}$$

$$=\lim_{x\to 0}\frac{(1+\sqrt{1+x})(\sqrt{3}+\sqrt{3+x})x}{-x(1+\sqrt{1-x})(2+\sqrt{4-x})}$$

$$=\lim_{x\to 0}\frac{(1+\sqrt{1+x})(\sqrt{3}+\sqrt{3+x})}{-(1+\sqrt{1-x})(2+\sqrt{4-x})}$$

$$=\frac{2\cdot 2\sqrt{3}}{-2\cdot 4}$$

$$=-\frac{\sqrt{3}}{2}$$

いわゆる「0 分の 0」には「有理化」がよく似合う．値の列から極限が見えるというならこんな変形は無用である．有理化するには適用する因子としない因子を見分けねばならない．代入しやすいように変形するとしか言いようがない．よくある「分母の有理化」は足し算に適合させるための処置であるが，この例のようなケースでは代入値が 0 になる因子だけを分母分子共に有理化して扱いやすくする．0 にならな

い因子まで不用意にすべて有理化すると，0になる新たな因子を抱え込むことになる．

試験に出てきそうなという範囲を超えると「有理化」のさじ加減は一般的には結構難しい．

例 1-10

$$\lim_{x \to +0} \frac{\sqrt{1+x}+\sqrt{x}-1}{\sqrt{4+x}+\sqrt{x}-2}$$

$$= \lim_{x \to +0} \frac{(\sqrt{4+x}-\sqrt{x}+2)(\sqrt{1+x}+\sqrt{x}-1)(\sqrt{1+x}+\sqrt{x}+1)}{(\sqrt{4+x}-\sqrt{x}+2)(\sqrt{4+x}+\sqrt{x}-2)(\sqrt{1+x}+\sqrt{x}+1)}$$

$$= \lim_{x \to +0} \frac{(\sqrt{4+x}-\sqrt{x}+2)((\sqrt{1+x}+\sqrt{x})^2-1)}{(4+x-(\sqrt{x}-2))^2(\sqrt{1+x}+\sqrt{x}+1)}$$

$$= \lim_{x \to +0} \frac{(\sqrt{4+x}-\sqrt{x}+2)(2x+2\sqrt{1+x}\sqrt{x})}{4\sqrt{x}(\sqrt{1+x}+\sqrt{x}+1)}$$

$$= \lim_{x \to +0} \frac{(\sqrt{4+x}-\sqrt{x}+2)(2\sqrt{x}+2\sqrt{1+x})}{4(\sqrt{1+x}+\sqrt{x}+1)}$$

$$= 1$$

極限問題における有理化の目的は有理式でない因子の代入値が0でないように変形することにある．代入値が0になる新たな因子を抱え込むと元の黙阿弥．必要な因子のみをほどよく有理化しなければならない．そのために掛けるべき因子が一通りに決まるわけではないことはこの例からも見て取れるであろう．

5．一般的な代数関数の極限

単に $\sqrt{}$ だけでなく $\sqrt[3]{}$ などが出てくるともっと面倒になる．

例 1 - 11

$$\lim_{x \to 0} \frac{1 - \sqrt[3]{1-x}}{x}$$
$$= \lim_{x \to 0} \frac{(1 - \sqrt[3]{1-x})(1 + \sqrt[3]{1-x} + (\sqrt[3]{1-x})^2)}{x(1 + \sqrt[3]{1-x} + (\sqrt[3]{1-x})^2)}$$
$$= \lim_{x \to 0} \frac{(1 - (1-x))}{x(1 + \sqrt[3]{1-x} + (\sqrt[3]{1-x})^2)}$$
$$= \frac{1}{3}$$

しかしこういう工夫はそのうちに行き詰まる．この手の関数は「代数関数」といって多項式 $P_0(x), P_1(x), \cdots, P_{n-1}(x), P_n(x)$ を用いて

$$P_0(x)y^n + P_1(x)y^{n-1} + \cdots\cdots + P_{n-1}(x)y + P_n(x) = 0$$

の解と表すことができる（もちろん $P_i(x)$ すべてに共通する因子はないものとする）．このことから $x \to 0$ のとき y が**収束するなら**極限値 η は

$$P_0(0)\eta^n + P_1(0)\eta^{n-1} + \cdots\cdots + P_{n-1}(0)\eta + P_n(0) = 0$$

の解になることが分かる．しかし解の中のどれかが極限値だと即断することはできない．すなわち，まず $z = \dfrac{1}{y}$ とおいたとき次の式が得られる：

$$P_n(x)z^n + P_{n-1}(x)z^{n-1} + \cdots\cdots + P_1(x)z + P_0(x) = 0.$$

そしてこの関係式において $x \to 0$ のとき解 z が極限値を 0 としている場合には，それに呼応して y は発散する．

> **例 1-12**
> $$xy^2 - 2y + x = 0$$

これに当たる関数は $\dfrac{1}{x} \pm \sqrt{\dfrac{1}{x^2} - 1}$ であるが，その $x \to 0$ における極限は＋のときは発散，－のときは0となる．

　実は「代数関数」を実関数に当てはめるのは一般的には「関数」の設定自体に厄介な問題が待ち受けている．そういう理由によりここではそれ以上深入りはしない．

6．超越関数登場

　通常の学校教育では√のような代数関数と三角関数や指数関数のような超越関数は十把一絡げに「無理関数」として扱われている．しかし代数関数のときと違って，指定された変数値に対する超越関数値はその変数値のみから有限回の操作で統一的に記述されるということがない．それだけに「極限の扱いも結局は $\dfrac{\sin x}{x}$ のように神秘的な事実に基づいており，こればかりは代入が利かない」と思われている．果たしてそうであろうか？　まずは「超越関数の神秘的な極限」の一端が代入により得られる様子を例示しよう．

> **例 1-13**
> $$\lim_{x \to 0} \frac{\log(1+x)}{x} = \lim_{x \to 0} \frac{\int_{t=1}^{t=1+x} \frac{1}{t} dt}{x} = \lim_{x \to 0} \frac{\int_{s=0}^{s=1} \frac{1}{1+sx} d(sx)}{x}$$
> $$= \lim_{x \to 0} \int_{s=0}^{s=1} \frac{1}{1+sx} ds = \int_{s=0}^{s=1} 1 \ ds = 1.$$

「何だ，積分を使うのか」．いかにも，対数関数は面積すなわち積分である．積分を論じるのに積分を使って悪いわけがない．またいささかでも心得のある人は言うであろう，「積分と極限の交換に帰着させるのか」．いかにも，それはごく健全なことである．大げさな手段を使っているように見えるのは伝統的な論理構成の仕業なのである．この辺りのことは次章でさらに論じることにする．

第2章　超越関数の極限と代入

1. 対数関数と指数関数

前章の最終例，対数関数は積分であることから $\dfrac{\log(1+x)}{x}$ の $x \to 0$ における極限は代入で説明できることが分かった．ついでにこんなトレーニングもしておきたい．

例 2-1

$$\lim_{x \to 0} \frac{\log(1+x+x^2)}{x} = \lim_{x \to 0} \frac{\log(1+x+x^2)}{x+x^2} \cdot \frac{x+x^2}{x} = 1$$

「微分は微細分数」という俚諺もあるが，超越関数の絡んだ極限が神秘的に見えるのは割り算を処理できないまま極限を論じようとするからだといえよう．それでは指数関数ではどうなるか．いわゆる「指数関数」は対数関数 log の逆関数であり，exp とも表記される．$\dfrac{e^x-1}{x}$ の極限については分子を y とおくことで次のように処理できる．

例 2-2

$$\lim_{x \to 0} \frac{e^x-1}{x} = \lim_{x \to 0} \frac{\exp x - 1}{x} = \lim_{y \to 0} \frac{y}{\log(1+y)} = 1$$

「指数関数が対数関数の逆関数だなんて…」という声が聞こえてきそうである．ところで伝統的な定義によれば e^x は $\lim_{\frac{p}{q} \to x}\left(\lim_{n \to \infty}\left(1 + \frac{1}{n}\right)^n\right)^{\frac{p}{q}}$ ということになる．そのため e を捉えるには n の変化に伴って脈絡のない列を追求することになるが，それ以前にもっと脈絡のない整数比 $\frac{p}{q}$ の選択を続けることになる．さらに x に関する極限がついたものを扱うに至ってはおよそ実行を考えているとは思えない．指数関数では「累乗の拡大解釈」に固執するのは（微積分の文脈では）労が多い．ところで本書の方式では伝統的に e の定義とされる式も次のように認識される．

例 2-3

$$\begin{aligned}\lim_{n \to \infty}\left(1 + \frac{1}{n}\right)^n &= \lim_{n \to \infty} \exp\left(n \log\left(1 + \frac{1}{n}\right)\right) \\ &= \lim_{x \to +0} \exp \frac{\log(1+x)}{x} = \exp \lim_{x \to +0} \frac{\log(1+x)}{x} \\ &= \exp 1 = e\end{aligned}$$

「極限と合成（代入）の交換は云々」という議論はあるが，別段 x が 0 のところに限った話ではない．もっともここで求めたのは前章で述べた通り「極限」ではなくあくまで「極限値の（有力）候補」であり，その種の議論はもちろん次章の「連続性」に持ち越されることになる．

さて解析学の視点では x^y は $\exp(y \log x)$ とみなすのが妥当であり，後の章で紹介するいわゆる「対数微分」もそのことを裏付けるものといえよう．e にまつわる種々のうんちくも自動的に処理できる．

例 2-4

$$\begin{aligned}\lim_{n \to \infty}\left(1 - \frac{1}{n}\right)^{-n} &= \lim_{n \to \infty} \exp\left(-n \log\left(1 - \frac{1}{n}\right)\right) \\ &= \lim_{x \to -0} \exp\left(\frac{\log(1+x)}{x}\right) = \exp\left(\lim_{x \to 0} \frac{\log(1+x)}{x}\right) \\ &= \exp 1\end{aligned}$$

つまり元来 $\lim_{x\to 0}\dfrac{\log(1+x)}{x}$ の問題だったはずのものが，自然数列にのせるために ＋ と － に分断矮小化されたという解釈が成り立つのである．その他に列で解釈すると奇妙に技巧的なものであっても，この解釈では自動的に処理できるものはいろいろある．

> **問** $\displaystyle\lim_{n\to\infty}\left(\dfrac{1+\frac{1}{n+1}}{1+\frac{1}{n}}\right)^{n^2}=?$

2. $\dfrac{\sin\theta}{\theta}$ の極限 …はさみうちの原理

対数・指数関数に区切りがついたら次は角度がらみの話になる．さて，三角関数の微積分は結局のところ次の極限に行き着く：

例 2-5
$$\lim_{\theta\to 0}\dfrac{\sin\theta}{\theta}=1 \qquad (\ast)$$

微積分においては命題記述の簡明さのため角度の単位としてラディアン，すなわち「1回転 $=2\pi$ ラディアン」を採用する（もっともこの単位は天与のものと見なされ，明示すらされない）．そのおかげで問題の極限値が 1 だと気がつく…．要するに核心部分はありがたき啓示に行き着いている．

微分に慣れた頃になると誰しも一瞬は思う，「分子・分母を微分して $\dfrac{\cos\theta}{1}$ となり，de L'Hopital により…」と．しかしそれを口に出すとお目玉を食らう．確かに sin の微分は（＊）に立脚していたはずである．

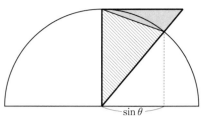

図 2-1

半径 1 の円を描き，θ を正数としよう．このとき θ は扇形の，$\sin\theta$ は斜線部の，$\tan\theta$ は外枠の三角形のそれぞれ面積の倍である．このことから $\sin\theta \leqq \theta \leqq \tan\theta$ すなわち $\cos\theta \leqq \dfrac{\sin\theta}{\theta} \leqq 1$ が得られ，「はさみうちの原理」から（＊）が導かれる．

　ここで異論が入って来るであろう．曰く「これは角度の本来の定義を逸脱している．角度とは扇の面積の倍ではなく，弧長である」．その問題点はそもそも角度の認識そのものに遡るものである．ところでその定義が依拠する「曲線の長さ」という概念は理論的にはかなり厄介な代物であり，文言通りの実行は骨が折れる．さらに次元を上げて曲面の面積になると旧来の発想を安直に一般化すると大やけどの元であるが，そのことは第 14・15 章で解説する．空間より低い次元の大きさを測るのは薄氷を踏む行為なのである．

　むやみに古人の決めたことをありがたがるのは考えものである．ちなみに古代エジプトにおいて $2 \div 3$ の答は $\left(\dfrac{1}{3} + \dfrac{1}{3}\right.$ ではなく$\left.\right)$ $\dfrac{1}{2} + \dfrac{1}{6}$ のように捉えるのが正統だったという．分母より大きい分子なんぞもってのほか，分数は「異なる分母をもち分子が 1」という分数の和で書かねばならなかった．

　14/237 がいかように記述さるべきであったか著者は知らないし，知ろうとも思わない．この流儀の根元には未だに小学校のみで墨守されている帯分数表記の思想が垣間見える．こちらは中学以降，ハリーポッターくらいにしか使用例を見ない（英国では half, quarter 限定で数値表記の便法となっている模様）．

3.　$\dfrac{\sin\theta}{\theta}$ の極限も代入で

「はさみうちの原理でといわれても…」と何やら狐につままれた気分になる人も多かろう．できることならやはり代入で痛快に求めたいものである．角度は扇形の面積であるから，log の扱いを参考にして $\sin\theta$ を x とおき，$t = sx$ と定めると

$$\theta = 2\int_{t=0}^{t=x} \frac{\sqrt{1-t^2}-\sqrt{1-x^2}\cdot t}{x}\,dt$$
$$= 2\int_{t=0}^{t=x} \sqrt{1-t^2}\,dt - x\sqrt{1-x^2}$$
$$= 2x\int_{s=0}^{s=1} \sqrt{1-(sx)^2}\,ds - x\sqrt{1-x^2}$$

を得る．さらに x で割ると

$$\frac{\theta}{x} = 2\int_{s=0}^{s=1} \sqrt{1-(sx)^2}\,ds - \sqrt{1-x^2}.$$

となる．この右辺に $x=0$ を代入することで極限値候補は 1 であると結論される．煩雑を厭わなければ弧度法でなくても算出される．

$\sqrt{}$ だけの部分と積分という異質な項の和なのでしっくりこないかも知れない．積分を $\sqrt{}$ で表記することはできないが，$\sqrt{}$ だけの部分は代入可能な形で定積分の中に編入できる．関数の導関数を積分すれば元の関数と定数差である．これに着目して，$|x|<1$ のときは

$$x\sqrt{1-x^2} = \int_{t=0}^{t=x} \sqrt{1-t^2} - \frac{t^2}{\sqrt{1-t^2}}\,dt.$$

このことから

$$\theta = \int_{t=0}^{t=x} 2\sqrt{1-t^2} - \sqrt{1-t^2} + \frac{t^2}{\sqrt{1-t^2}}\,dt$$
$$= \int_{t=0}^{t=x} \frac{1}{\sqrt{1-t^2}}\,dt$$

と表記できる．θ は sin が x となる角度であるから $\arcsin x$ とか

$\sin^{-1} x$ とか表記される（決して $\sin x$ の逆数値をとる関数では**ない**）．その他の三角関数についても同様の表記がなされ，運用上は arcsin も含めてそれぞれ場面に応じた値域が想定される．これらは三角関数の逆関数という形態で記述されている．ちなみに arc という表記は扇の弧に起因する．

4.「1 変数の広義積分」が絡む極限

三角比を元に角度を積分表示する術をのべたが，sin に対して x が ± 1 のときには被積分関数が端において発散してしまう．そういうときには積分区間を少し控えたところにとり，それを端まで拡張する．これがいわゆる「1 変数の広義積分」である（多変数のとき安直な解釈は危険）．

例 2-6

$$\Gamma(x) = \int_{t=0}^{t=\infty} t^{x-1} e^{-t} dt \quad (x \neq 0, -1, -2, \cdots)$$

これも「1 変数の広義積分」であり，上端 $t = \infty$ は（もちろん，x が 1 未満であれば下端 $t = 0$ も）もう少し控えたところにとったときの値の極限のことである．このように「1 変数の広義積分」で規定される関数も健全な前提をみたしていれば 0 次連続になることは第 21 章で詳しく論じる．この関数の値は x が自然数 n のときは $(n-1)!$ に一致することが分かる．つまりある意味で階乗の拡張（拡大解釈）といえる．自然数の他にも半整数（奇数の $\frac{1}{2}$ 倍）に対する値は $\sqrt{\pi}$ の有理数倍になることが分かる．しかしその脈絡のなさからして $\Gamma(1/3)$ や $\Gamma(1/4)$ を π から代数的に記述するというようなことは望めそうにない．

例 2-7

$$\lim_{n\to+\infty}\left(\sum_{k=1}^{n}\frac{1}{k}-\log n\right)=\gamma$$

Euler のガンマと呼ばれ，数学では π, e に次いで存在感のある定数である．これを扱うとなると…，不定和は必要なのか？というより何故にこんな値に意味を見いだすのか？よくよく見るとこれは $\dfrac{d\Gamma(x)}{dx}$ の $x=1$ における値を -1 倍したものだという．つまり γ の出自はまさに「1変数の広義積分」で表される関数 Γ から導かれる $\dfrac{d\Gamma(x)}{dx}$ が物語っている．

5. キメラの木目

$\dfrac{\sin\theta}{\theta}$ の極限を解消するに当たっては「代入で痛快に」と書いたが，もちろん根幹において広さの概念には「はさみうちの原理」が欠かせない．それが証拠に正4面体をいくつの平面で切っても，できた破片を寄せ集めて直方体にすることはできないのである．事と次第ではこの種の痛快さを欠く話に付き合うことも避けがたい．違和感があればいわば必要悪程度に思ってもらえばよい．ところで微積分学では本に書いてある陳述による裏付けをもたない牧歌的な想像は悉くボツになる．そのギャップを確認するには，ためになるというより・ためにするだけの気持ち悪い例にいささかでも触れなければなるまい．

例 2-8

$$f(x)=\begin{cases}e^{-1/|x|} & \cdots\ x\neq 0\ \text{のとき}\\ 0 & \cdots\ x=0\ \text{のとき．}\end{cases}$$

これが関係するのはテイラーの定理，出番は第7章の終わり頃になる．$x=0$ において何回微分した値も 0 だが関数そのものは 0 ではないという代物である．いやそもそも $x=0$ での値は極限のはずだが，どうやって思いついたかだって？指数関数は変数値が $-\infty$ に向かうとき 0 に近づく．もう少し言い訳できるが，$+\infty$ や $-\infty$ という値があるような言い方をする方がこういう病的な関数と付き合うには簡便だといえる．

例 2-9

$$f(x) = \begin{cases} x \sin \log|x| & \cdots \ x \neq 0 \text{ のとき} \\ 0 & \cdots \ x = 0 \text{ のとき．} \end{cases}$$

おっと，これは連続性のところで扱うべき内容だが…，それでも極限の候補をどうやって思いついたかに関しては申し開きが要る．変数 x が 0 に近づくとき $\log|x|$ はどんどん $-\infty$ に向かう．それ故に $\sin \log|x|$ は -1 と 1 の間を揺れ動くが，そこに x を掛けると 0 に近づく…．徹底的にいこう，その「0」はどうやって思いついたというのか？

むむ…，それは因子 x に $x=0$ を代入したということであろう．もう少し一般的に述べると「p 以外の点で定義されている有界（変動範囲が有限な区域に限られていること）な関数 f と連続関数 g との積 fg は $g(p)=0$ なら $x \to p$ において $g(p)=0$ を極限値にもつ」ということになる．

6. 列で書いた極限値

あれやこれやと極限値候補を代入で求める道を書いてはきたが，すべてに適用できる方法が書けるというほど甘くはない．この世には不定個数の和 $\sum a_n$ や積 $\prod a_n = \exp \sum \log a_n$ で書いた列とその極限

値が満ちあふれている．

例 2-10
$$1 + \frac{4}{10} + \frac{1}{100} + \frac{4}{1000} + \cdots\cdots = \sqrt{2}$$

$\sqrt{2}$ がこうやって「具体的に求まる」という趣旨らしい．それでは小数点以下 100 桁目はどうやって求めるのか．それは
$$n^2 \leqq 2 \cdot 10^{200} < (n+1)^2 \qquad \cdots\cdots (*_{100})$$
をみたす自然数 n の一番下の桁だという．しかしこれは
$$x^2 \leqq 2 \leqq x^2, \quad x \geqq 0 \qquad \cdots\cdots (*)$$
を加工して，$x^2 \leqq 2 \leqq y^2$ をみたし差が 10^{-100} 以下の正数対 (x, y) を求めたということをいっているに過ぎない．それで桁数に関してすっきり一言に総合したのが($*$)ということになる．

例 2-11
$$\sum_{n=1}^{\infty} \frac{1}{n^2} = \frac{\pi^2}{6}.$$

うーーーん，これは参った．こういうことを調べるのに独特のうんちくが要るのは確かである．Euler はどうやってこんなことを思いついたのであろうか．とはいえ $\frac{\pi^2}{6}$ という数はこんなこととは無関係に認識されていたわけであるし，それがこの極限値だとは誰が言ったからといってその段階では予想に過ぎない．あくまで積分や微分方程式の解の代入値ないしは極限値としてすでに認識されている値があるからこそ，安心して不定和でそれに迫っているのである．無責任な列の行方を考えることに意味があるわけでもあるまい．不定和の，いや一般的に「列」とは何かというのは余りにも重たい話題であり，この段階では

これ以上論じない．本書の趣旨は特別な関数にまつわる数理を追究すること自体にはない，ありきたりの関数が健全に処理され，それが正当に扱われるのを支援することにある．

第3章　*関数の連続性*

1. 極限と連続性

　極限と連続性は表裏一体の関係にある．連続性からいうと極限値とは拡張された連続関数の代入値であり，極限からいうと連続性とは代入値が極限値に一致することである．もっとも前の2つの章で見てきたとおり，「極限を求める」行為はどれもこれも「極限値候補」を連続関数の代入で求めることに帰している．

　それで結局，問題は代入した関数が本当に連続かどうかにかかってくる．

　「連続性」，これは自然の根幹に位置する天与の概念に相違あるまい．ところでアナトール・フランス（1844〜1924）の短編小説『バルタザール』では主人公の質問に対して，その師は次のように答える，「陛下，科学は誤りのないものでありますが，学者がいつも間違います」．…「真相は遠きにありて思うもの」といったところか．ちなみにこの詩人・小説家・評論家はノーベル文学賞を受賞し，死してはフランスで国葬される．しかしその全作品は同賞受賞翌年からカトリック教会の禁書目録に掲載され，この措置は目録自体の廃止まで続くことになる．

　こういう次第で「連続性」について語るにはこの用語を定義しなければならない．自然の根幹に位置する概念を（断りも無く）勝手に「定義」する気かとつむじを曲げる気持ちはよく分かる．しかし「連続性」については19世紀に専門家たちの間で解釈に齟齬があることが露見したのである．次の例を読者は「連続」と感じるだろうか？

第3章 関数の連続性

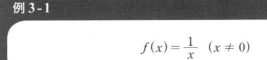

例 3-1

$$f(x) = \frac{1}{x} \quad (x \neq 0)$$

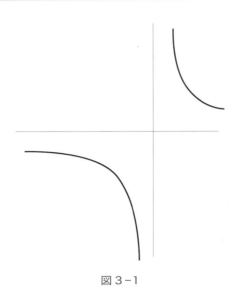

図 3-1

　その後に大勢を占めるようになった解釈「各点連続」はこの例に適用でき，もう一方の代表的解釈「一様収束」は適用できない．「0において連続ではないから」という理由付けは残念ながら的を外している．変数値 0 は関数の適用範囲に入っていないからである．これを正当化するなら「0における値を規定して全域で連続になるようにはできない」となるが，それはそこから派生する概念であり，根本の概念だと字面上は言い難い．「連続」とは宣言された定義域における概念なのである．このようにいろいろな派生概念が工夫されてはいるが「一様連続」と「各点連続」に比肩できるほどの簡明さを具えた概念は発見されていない．そして以下に述べるように，そのようなものは無いといってよい．

2. 2つの「連続性」

　敢えて大ざっぱに言えば「連続性」とは「変数値間の誤差が小さければ関数値間の誤差が小さい」ことである．「連続性」を論理的に表記するには最低限，両変数の値2つと誤差の許容限界値2つについてきっちり記述せねばならない．そしてその最小限で表記されたものが「一様連続」と「各点連続」であり，このことが両者に比肩できるほどの簡明さを具えた概念が無いというゆえんである．

　もう少し肉付けして変数を x, y，関数を f とし，変数値間，関数値間の誤差の許容限界値を慣習に沿ってそれぞれ δ, ε と表すことにしよう．このとき「連続性」の基幹部分は次のようになる：

$$|x-y| \leq \delta \Rightarrow |f(x)-f(y)| \leq \varepsilon \qquad (*)$$

　さて話は始まったばかりである．まず x, y が定義域のすべての点を想定しているのはいうまでもないが問題は δ, ε という2つの正数である．ここで誰もが連続だと認めるであろう例を挙げて解説しよう．

例 3-2

$$f(x) = 2x$$

　ここで δ はどんな正数でもというわけにはいかない．正数 ε を見てから $(*)$ が成立するように然るべく（この例では $\delta = \varepsilon/2$ などと）決めてよい正数である．すなわち ε は δ に先だって突きつけられる要求誤差であるが，それは ε がいかなる正数であっても対応しなければならない．さて x, y は定義域のすべての点を想定しなければならないが，δ を決めるに当たってこれらを見てからでいいのかどうかでスタンスは形式上3通りに分かれる．

　まず，x と y のどちらも見てからでいいなら話は単純，$x \neq y$ のと

きは δ を $\dfrac{|x-y|}{3}$ にとればいいし，$x=y$ のときはどんな正数にとってもいい．何しろ矛盾からはどんな結論も得られるのである．結局これはどんな関数でもみたすという，取り上げるに値しない性質である．そして残るは2通り，x と y のどちらも見ずに決めるのが「一様連続」，片方たとえば y だけを見て決めるのが「各点連続」なのである．ここで両者をきっちり書いてみよう．

どんな正数 ε に対してもうまく正数 δ をとると，

［定義域内のいかなる点 x, y に対しても

$$|x-y| \leqq \delta \Rightarrow |f(x)-f(y)| \leqq \varepsilon ］\quad (\textbf{一様連続})$$

どんな正数 ε と定義域内のいかなる点 y に対しても，

［うまく正数 δ をとると，定義域内のいかなる点 x に対しても

$$|x-y| \leqq \delta \Rightarrow |f(x)-f(y)| \leqq \varepsilon ］\quad (\textbf{各点連続})$$

「連続性」の候補が出たところで例 3-1 に戻って実際に当てはめてみよう．δ の限界を知るには $\delta \leqq |y|$ を前提として，結局 $\dfrac{1}{|y|-\delta} - \dfrac{1}{|y|} \leqq \varepsilon$ を δ に関して解くことになる．この連立不等式を解くと δ は $\dfrac{\varepsilon y^2}{1+\varepsilon |y|}$ にとればよいしそれが限界…というのが「各点連続」，それが限界だから y に無関係な正数にはとれないというのが「一様連続」による判断である．

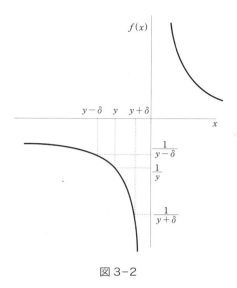

図 3-2

3. 「一様連続」と「各点連続」

　この時点で「一様連続」と「各点連続」を比較するに，記述の簡明さをいうなら「一様連続」に若干の長があり，適用範囲の広さをいうなら「各点連続」に食指が動く．どちらがいいというのはまだまだ早い．

　「一様連続」と「各点連続」のいずれを採用するにしても，然るべき前提の下に次の諸性質が成り立つ．いや，そもそも両者に限らずこの程度の性質を満たせなければ実用には堪えない．記述の簡素化のため f, g を連続関数とする．

(0)　定数関数や恒等関数　$\mathrm{id}(x) = x$ は連続

(1)　和・差　$f \pm g$ も連続

(2)　積　$f \cdot g$ も連続

(2)'　商　f/g も連続

(3)　合成（代入）　$f \circ g$ も連続

このうち(0)は無条件，(3)では g の値がどれも f の定義域に属することが要求される．残りはまず定義域を共有するという条件が要る．さらに「各点連続」では(2)'に対し g が定義域上どこでも値 0 はとらないことが必要である．「一様連続」ではもっと強い条件が要る．つまり(2)'では $|g(x)|$ の値が x に無関係な正値以上であることが要求される．それどころか(2)でも値域が有界，すなわち $|f(x)|$ が x に無関係な正数以下であることが要求される．実際に大仰なものでもなく次のようなものでさえ，実数全域においては「一様連続」にはならない．

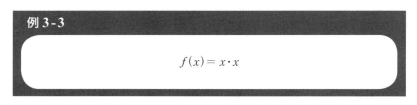

例 3-3

$$f(x) = x \cdot x$$

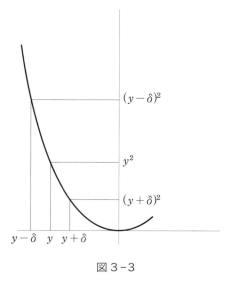

図 3-3

実際このときの δ は $\sqrt{y^2+\varepsilon}-|y|=\dfrac{\varepsilon}{\sqrt{y^2+\varepsilon}+|y|}$ が限界であり，全域では「一様連続性」が保証できない．へぇー，「一様連続」って面倒く

さい…と思うかも知れない．しかしそれでもどちらがいいというにはまだ早い．

(0) から (3) は「あってよかった」というような性格のものではない，「無くては困る」性質なのである．何しろ加減乗除や代入は関数構成に不可欠な操作であり，その結果生じたものが連続ではないなどというのでははなはだ困る．それどころか，これだけの操作で生成できる関数は有理式 (分数式) の表すものに限られる．「$\sqrt{}$ がないじゃないか，sin はどうした」というのは至極まっとうな要求である．$\sqrt{}$ を扱うには「逆関数」が要る．そしてそれを導入すると必然的にいわゆる「逆」三角関数を認知することになる．同様に log も要るに決まってる．それどころか名もない積分がこの世には無尽蔵にある．積分が扱えなければ思考対象を記述することすらできないのである．

より基本的な関数構成からというなら逆関数が先になるかも知れない．しかしこれについての議論はより本源的な問題点を孕んでおり，続く 2 つの章で少々腰を落ち着けて論じたい．

4. 積分の「連続性」

順番が違うという視点はさておいて (3) の次に
　　(4) 積分の「連続性」
を挙げよう．これがなければはなはだ困るではないか．

例 3-4

$$f(x, t) = \frac{t}{x^2 + t^2} \quad \text{ただし} \quad 0 < x \leqq 1, \quad 0 \leqq t \leqq 1$$

この関数の x に関する積分値が t に関して連続であるかどうか (特に $t = 0$ のあたり) に注目しよう．まず，$t = 0$ のときは関数が 0 なので積分値は 0 である．しかしそれ以外のときは積分値はプラスである．

おまけに $x = yt$ とおくと

$$\int_{x\to +0}^{x=1} \frac{t}{t^2+x^2} dx = \int_{y\to +0}^{y=1/t} \frac{1}{1+y^2} dy$$

となって，t が 0 に近づくにつれこの値は 0 に向かうどころか増大の一途を辿るのである．ちなみにこの値は tan の逆関数 arctan を用いて表すと $\arctan \frac{1}{t}$ となり，その極限値は $\frac{\pi}{2}$ である．高校までの知識で済ますにはさらに $y = \tan\theta$ とする．その結果 $\tan\theta_0 = \frac{1}{t}$ となる角度 θ_0 となり極限値 $\frac{\pi}{2}$ を得る．

　この例を「一様連続」のスタンスでいうと「2 変数関数 $f(x,t)$ が一様連続でないから保証の限りではない」と単純明瞭である．「各点連続」のスタンスでいうと「$f(x,t)$ は t を固定するごとに各点連続であり『各点収束』するが，『一様収束』していないから保証の限りではない」となる．このスタンスでも 2 変数関数としての「各点連続」という概念はあるが，積分の連続性を議論するには 1 変数関数の（「各点収束」の方ではなく）「一様収束」という別個の概念が大事だということになる．しかし結局のところこの道筋で保証できるのは 2 変数の「一様連続」のケースなのである．

　それ故に本書（およびその理論的背骨である「納得しない人のための微分・積分学（再）入門」）においては初めから「連続性」として「一様連続」のスタンスに立つ．ただかけ算・割り算を円滑に運用するため，関数の定義域は有界であるという条件を付けることにする．それではこれまで「各点連続」の枠組みで扱われていた関数を捨てるのかという声が出てきそうである．その枠組みで捉えられていた対象も，多くは後に副次的なものとして日の目を見ることになる．必要なのは個々の健全な関数であって，既存の枠組みの片隅に潜んでいるようなためにする例や枠組みそのものではない．

5. 多変数関数の「連続性」

「連続性」のスタンスが定まったところで改めてその定義を宣言しなければならない．何しろ積分の「連続性」について考察しているうちに2変数の関数に遭遇しているのである．何を好んで2変数なんてと思う向きもあろう．しかし積分する方向とそれで出てくる値の変化を追う方向の2つが必要なのは仕方がない．片方をパラメータなどと言い逃れしようとしても収拾がつかなくなるだけである．そもそも現実世界はたくさんの要因に影響される（とはいうものの人が一望できるのは有限個の要因に限られる）．やはり多変数の関数を考えるのは不可避である．

n を自然数とし，n 個の変数 $x_1, \cdots, x_n$ をもつ関数 $f(x_1, \cdots, x_n)$ を考える．また $(x_1, \cdots, x_n)$ と書くのはスペースを食うので $\boldsymbol{x}$ のように太字で表すこともある．また，このような $\boldsymbol{x}$ の全体を n 次元**ユークリッド空間**といい R^n と表す．ところで変数の範囲には制約があり，またその範囲が直線で囲まれているわけではない．まずは例から，

例 3-5

$$f(x_1, x_2) = \sqrt{1 - x_1^2 - x_2^2}$$

この関数が定義される範囲は $1 - x_1^2 - x_2^2 \geq 0$，すなわち $x_1^2 + x_2^2 \leq 1$ である．また必要に応じてさらに $x_1 + x_2 \geq 1$ など条件を付加することもある．それでいよいよ多変数の「一様連続性」について述べよう．その前に断っておくが，多変数でも関数の四則算法を円滑に行うため定義域の有界性を前提とする．用語もこの際 **0 次連続** と称する．

どんな正数 ε に対してもうまく正数 δ をとると，

定義域内のいかなる点 x, y に対しても

$$\|\boldsymbol{x} - \boldsymbol{y}\| \leq \delta \;\Rightarrow\; |f(\boldsymbol{x}) - f(\boldsymbol{y})| \leq \varepsilon \qquad \text{(0 次連続)}$$

ここに ‖ ‖ はベクトル $\boldsymbol{x}-\boldsymbol{y}$ の広い意味での「長さ」であるが，$(\sum |x_i-y_i|^2)^{1/2}$ では扱いが面倒なので特に断らない限り当面(曲線・曲面について論じるまでは) $|x_i-y_i|$ の i に関する最大値を充てる．「連続性」の議論のためにはどちらで規定しても差異は生じない．

上記の例で調べてみよう．実はこのケースでは $(\sum |x_i-y_i|^2)^{1/2}$ の方が分かり易く，δ の限界値は $1-\sqrt{1-\varepsilon^2}$ である．もう少し小さく $\frac{\varepsilon^2}{2}$ にとればさらに扱いやすい(このように δ の限界値は一般的には複雑であり，これにこだわるべき理由はない)．もちろんこの範囲の点が定義域からはみ出ることはあるが「いかなる点 x, y に対しても」に抵触するわけではない．また「$|x_i-y_i|$ の i に関する最大値」という解釈でも δ としては同じ値をとってよいことが分かる．ただ，多変数の連続性を変数ごとの連続性で置き換えることはできない．「斜め方向からの極限も考慮したら…」，その程度ではまだまだ及ばない．「『あらゆる点列』上で考えるべきだから…」，平面上の「あらゆる点列」などとても捉えきれない．結局のところ距離で一律に測るのが一番スッキリしているのである．

「『連続性』を規定するに当たり合成しても大丈夫なようにと謳っていたが，$f \circ g$ の f は1変数関数に限られるのか」，うーん，それはよい質問である．実はこの点まで整合するには「写像」の連続性に話が及ぶ．

解析学の文脈では「写像」はざっくりいえば共通の定義域をもついくつかの関数の組と思ってもよく，…という辺りで，その話は次章，「0次同相埋め込みと逆写像，陰関数の準備」で論じよう．

第4章 0次連続写像と逆写像・陰関数の準備

1. 0次連続写像

　関数を処理するとき四則演算のみならず積分まで含めた操作を安心して運用するために必要不可欠な要件を抽出してできた連続性概念が「0次連続性」，言い換えると「有界集合上の一様連続性」であった．

　ところで現実世界の現象は1つの要因では決まらない．それで多変数の0次連続という概念が出現した．しかしそれだけでは陰関数が扱えないのみならず，多変数の合成（代入）が宝の持ち腐れになる．そこで**「写像の0次連続性」**が登場する．解析学の文脈において（0次連続）写像 f は定義域を共有するいくつかの（0次連続）関数の組と思ってもよい．ただ形式的には実数の組 $\bm{x} = (x_1, \cdots, x_m)$ から実数の組 $\bm{x}^* = (x_1^*, \cdots, x_n^*)$ への対応だという方が据わりがよい．もちろん各 j ごとに x_j^* は $f_j(\bm{x})$ や $x_j^*(x_1, \cdots, x_m)$ のように記述される．この概念の出現によって広汎な写像の合成が機械的に保証される．

　まずは一般的な0次連続写像の様子を感覚的に説明しよう．そこで想定して欲しいのが正方形のハンカチ，これが定義域である．これを丸めて机上に置く．この行為が写像である．これは2次元から3次元へのものであるが，さらに机上に置いたハンカチにガラス板をのせて平面に押しつけると2次元への写像ができる．「逆関数」「陰関数」など現実に扱う必要のある対象の背骨をなしているのがこの「同次元の0次連続写像」である．写った先の点から元のハンカチの点を復元するのは理論的にはいろいろな問題が潜んでいる．机上の点に対応するハ

ンカチの点は 1 つとは限らないし，机上のどの点が対応点をもつのかという設問にはさらに厄介な論点が絡んでくる．まずは定番の例から．

例 4-1

$$f:(r,\ \theta) \to (r\cos\theta,\ r\sin\theta)$$

いわゆる極座標といわれる写像である．このように独特の写像では慣習上変数も固有のものを用いることが多い．後で論じることになるがこの対応は「1 対 1 になる」という設定で用いるのが普通である．そのため θ の動く幅を 2π までに制限し，$r=0$ のところを回避して正のところを考える．ついでにこの例で r を 1 に制限すると

例 4-2

$$f:(\theta) \to (x,\ y) = (\cos\theta,\ \sin\theta)$$

これは 1 変数 2 関数つまり 1 次元から 2 次元への埋め込み写像である．このように軌跡が曲線を描く写像でも自己交差や何重にも重なるといった現象には事欠かない．

2. もう少し汎用な例

次の例では x は R^n の有界部分集合 S 上を動くものとし，f は x の 0 次連続関数とする．これは関数 $y=f(x)$ を図示したものと考えられる．n が 1 のときは曲線，2 のときは曲面を表す（曲線や曲面とはいっても平らだったり折れ曲がっていたり，それどころか滑らかな部

分がないほど野性的なものさえ視野に入っている)．

例 4-3

$$\widetilde{f} : x \to (x, f(x))$$

こういった対象の広さ ($n=1$ のときは長さ，2 のときは面積) については第 14・15 章で考察することになる．しかしこの設定で逆写像を求めようという気運は生まれない．逆写像の定義域となるべき $\widetilde{f}$ の像は $n+1$ 次元空間の中の n 次元，つまり薄っぺらい集合をなす．それ故に逆写像を考えるとするなら，そもそもこれをしっかり把握することが前提となるはずである．

そこで写像の出力側と入力側の次元がそろうように加工してみよう．上の例と同じ設定で次のものを f の**懸垂写像**という．

例 4-4

$$[f] : (x, y) \to (x, f(x)y)$$

f が正値をとるときその (向きのない) 積分は $[f]$ の像の広さとして把握されることになる．もちろん「正値」という条件はテクニカルなものである．また向きのある積分では不要となるが，このときには定義域としてあまり野性的なものはとれない．

グラフ写像の $f(x)y$ というところを少し一般化して n 変数 1 値の関数 f を考えよう．全体として $n+1$ 値にするため，n 変数をそのまま並べ，残る 1 つだけを変化させたものを**ファイバー写像**と称する．

例 4-5

$$\widetilde{f} : (x,\ y) \to (x,\ f(x,\ y))$$

例 4-3 はこの例の y を固定したものと見なすこともできる．本例が像からの逆写像をもつには y ごとに逆写像をもつことが必要十分である．このとき像の最終成分を固定しておいてから残りの成分によって逆写像の最終成分 y を定めたものが f の x に関する陰関数である．それでハッピーかというと

例 4-6

$$f : (x,\ y) \to \left(x - \frac{x}{\sqrt{x^2+y^2}},\ y - \frac{y}{\sqrt{x^2+y^2}}\right)$$
$$1 < x^2 + y^2 < 9$$

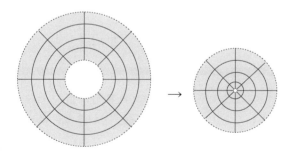

原点を中心とした半径 1 と 3 の同心円で挟まれた閉領域でこれを考えると 0 次連続であるが 0 次連続写像の範疇では逆写像をもたない．このうち原点からの距離が a を超える部分を S_a と定め，S_1 に内側の方の円周の点を 1 つだけ付け加えたものを S と定める．このとき f を S に制限すると像からの逆写像 f^* が構成される．この写像は f を

S_1 上に制限しても 0 次連続にならないが，正数 a に対して f を S_a に制限しておけば 0 次連続である．ところで旧来的な発想では f^* は f を S_1 上に制限しておけば各点連続であるが，f を S に制限しただけでは各点連続でない．安易な想像を信じ込むとろくなことがない．

3. 逆写像が見つかる定番の例

現実に扱われている関数を語るには「逆関数」を避けては通れない．逆演算は逆関数の元祖であるから引き算・割り算はそれに該当し，-1 や $1/2$ はその所産である．しかしそういった単純な逆ではなく複合操作の逆操作をした結果，そこで「逆関数」が登場する．これを論じるには「逆」関数のもとになる関数を直視することから始まる．逆演算の枠を超えた逆関数の皮切りは $\sqrt{}$ ということになるであろう．そこで出てきた筋書きはもとの関数が連続であるのみならず狭義単調に増加し云々というものであった．この「単調増加」は 1 変数に特有の現象であって，多変数関数ではそのような発想は通用しない．

そこで多変数のとき写像 f に求められた性質はまず連続かつ 1 対 1 で所定の区域全域に写るというものである．

例 4-7

$$f: (x, y) \to (ax + by + c, \alpha x + \beta y + \gamma)$$

いわゆる 1 次変換と呼ばれるものである．逆写像を求めるのは $a\beta - b\alpha$ が 0 でないときは連立方程式を解くことで達成できるし，0 のときはそもそも 1 対 1 でない．一般の n 変数 n 連立方程式でも，解けるのは係数行列の行列式が 0 でないことが条件となる．この条件をみたすときは線形代数の教科書の多くが書いているように，次の 3 つの手段を繰り返して解くことができる．

ⅰ．1つの式に他の式の何倍かを加える

ⅱ．1つの式を何倍か（0倍以外）する

ⅲ．2つの式を交換する

このうち3番目のものは意地を通せば前二者を組み合わせて実現できる．つまり，ここに書いたことはファイバー写像どころか懸垂写像ばかりなのである．逆写像というものはこんな都合のいい写像で説明できるものなのだろうか？

そこで再び例4–1の$(r, \theta) \to (r\cos\theta, r\sin\theta)$に注目しよう．この写像を1対1にするために$r$には$r > 0$という（$r < 0$でもいいと意地は張れるが）制約が要るし，さらに$-\pi < \theta \leq \pi$に制限するなど$\theta$の範囲を$2\pi$以内にしなければならない．それで$(0, 0)$以外の点$(x, y)$からは無理やり$r = \sqrt{x^2 + y^2}$，次いで（$\cos\theta = x/r$かつ$\sin\theta = y/r$から）$\theta$を決めることで逆写像を求めることができる．しかしそうやって求めた逆写像gは連続ではない．そこでθの条件を少し厳しく$-\pi < \theta < \pi$とすることでgは「各点連続」となるが，xが負でyが0に近いところでは何やらぎこちない．そして何より逆写像のでき方を見ると，話がうますぎて他には使えそうにない．

それでは極座標変換はどうしてこんなにうまく逆変換がみつかったのであろうか？実は大ざっぱにいうとこの写像はファイバー写像の合成に分解できるのである（定義域をどこにとるかで少々は変更が要る，姉妹編「納得しない人のための…」参照）．

$$(r, \theta) \to (r\cos\theta, \theta) \to (r\cos\theta, \tan\theta)$$
$$\to (r\cos\theta, r\sin\theta)$$

さて逆写像の例として教科書に出てくるのは基本的には1次変換と極座標の2つである．「他の例は？」と問い詰められると窮してしまう．何とかやっと思い出せるのが複素数の「有理1次変換」$z \to \dfrac{az+b}{cz+d}$

の焼き直しくらいなものである．いずれにせよ出来合の例に理屈を後付けしたところで生のニーズに応えられるわけではない．

4. 逆写像のお膳立て

　旧来の一般論は2変数以上になると突然，もとの写像 f が滑らかであるという性質を要請する．さらに点のごく近く（需要側ではなく理由付け側の都合で決まる）での逆写像（それも「退化的でない」点のみに適用可）に限定し，定義域全体での「逆写像」には言及しない．しかし本書ではあくまで0次連続の範疇で「定義域全体」にこだわってみよう．

　逆写像を扱うに当たって待ち受ける最初のハードルが「1対1」であり，これをクリアーしたときは「逆写像の連続性」が要求される．まずは一般的に

$$f : (x_1, \cdots, x_m) \to (x_1^*, \cdots, x_n^*)$$

とし，型どおりに2つの点 $\boldsymbol{x} = (x_1, \cdots, x_m)$, $\boldsymbol{y} = (y_1, \cdots, y_m)$ を想定する．このとき「f の逆写像 f^* の連続性」とは

　　任意の正数 ε^* に対して次の論理式をみたす正数 δ^* がとれる．
　　すべての i に対して $|f_i(\boldsymbol{y}) - f_i(\boldsymbol{x})| \leqq \delta^*$
　　⇒ すべての i に対して $|f_i^*(f(\boldsymbol{y})) - f_i^*(f(\boldsymbol{x}))| \leqq \varepsilon^*$

のことである．もう少し簡略化して

（＊）　任意の正数 ε^* に対して次の論理式をみたす正数 δ^* がとれる．
　　　すべての i に対して $|f_i(\boldsymbol{y}) - f_i(\boldsymbol{x})| \leqq \delta^*$
　　　⇒ すべての i に対して $|y_i - x_i| \leqq \varepsilon^*$

と書き換えることができる（本書では「連続性」として「0次連続（有界集合上の一様連続）」を採用している）．この（＊）をみたす0次連続写

像 f を **0 次同相埋め込み** と称する．

　何かにそっくり，そう「1 対 1」をよく似た形に表記し直してみると

$$\text{すべての } i \text{ に対して } |f_i(\boldsymbol{y}) - f_i(\boldsymbol{x})| = 0$$

$$\Rightarrow \text{すべての } i \text{ に対して } |y_i - x_i| = 0$$

であり，これは上の（∗）から導ける．「ちょっと待て，1 対 1 という前提がなければそもそもこんな議論は始まらないのではないか？」という声が聞こえてきそうである．しかし先入観を排して見れば，（∗）は 1 対 1 や逆写像を前提とせずに記述されている．つまり「最初のハードル」から処理しようとするのは単なる二重手間だということが窺えるであろう．次の例は今の段階で解決しきるには荷が重いが….

例 4-8

$f : (x, y) \to (x^*, y^*)$
　ただし $x^* = e^x - e^{-x} + p(x, y)$，$y^* = e^y - e^{-y} + p(x, y)$，
　ここに $p(x, y) = (x^2 + y^2)^{-1/3}(x + y)$．

　ここから x, y を x^*, y^* で書いて…というのは実際的とは思えない．この例を見るに至っては「最初のハードル」の存在意義が感じられない．むしろこの筋道立てからは 19 世紀末に出現して現代数学に浸透してしまった「集合論」の枠にはめて安心しようという了見がにじみ出ている．

　実際には量（実数）は要求ごとの精度を背負った概念であって，関数の値はそれを念頭に置いてしか語ることができない．いずれも「現実」を標榜するものの，観念上の産物であると認めざるを得まい．必要なのはどんな要求精度にも応えることができる処理体系であって，それ以上でも以下でもない．「扱うべき対象」と「あれば便利な手段」は区別せねばならない．「（手段に対応する）実体が存在する」というのでは本末が転倒している．

さて，この不確定さを孕んだまま関数を処理するには「連続性」が欠かせない．それゆえ「1対1」は精度を無視した観念の産物であって，実数というぼんやりしたものを基盤に置いた対象に対してはいささかミスマッチである．「集合に対して各々の要素が属するか属さないかは判然としている」という発想自体が実数を語るには適していないように思われる．実際に次の等式はたまたま結びつきが判明した「相加相乗平均」という特異な位置づけで説明される．2つの一般的な積分の異同を判別する普遍的な道筋があるという理由は見つからない．

$$\int_{\theta=0}^{\theta=\pi} \frac{1}{\sqrt{\cos^2\theta + 9\sin^2\theta}}dx = \int_{\theta=0}^{\theta=\pi} \frac{1}{\sqrt{3\cos^2\theta + 4\sin^2\theta}}dx$$

「集合論」は20世紀の始まる頃は数学にバラ色の未来を保証するものと期待された．しかし現実に露呈してきたのはそこに向かう道程に多くの棘が待ち受けていること，またそれが不可避なことであるという厳然たる結論であった．本書では既成の枠に収まる気休めよりも，身の回りに溢れる日常的な対象が的確に処理できる枠組みを追求する．

　この章ではかなり根本思想にまで突っ込んだ議論になったが，次章では例4-8などを題材に具体的に議論しよう．実際には等式発想で逆写像を求めようなどという気になれないような実例が，こんな具合に人知れず身の回りに充ち満ちているのである．

第5章　0次同相埋め込みと逆写像

　この世のあらゆる現象を表すに当たって微積分の果たす役割は重要であり，その基本手段は＋×と合成（代入）さらに微分である．さらに円滑な運用のためには－÷や積分はもとより「逆関数」・「陰関数」も欠かせない．その陰関数を支えるのが逆写像である．逆写像を求める例としてあらゆる教科書に出現するのが「極座標」，「1次変換」であるが，こういう定番の例における逆写像のでき方を見ると話がうますぎて他には使えそうにない．その理由を探ってみると「ファイバー写像（前章参照）」に突き当たる．実際にこういった例は大ざっぱにいうとファイバー写像の合成に分解できるのである．

　こんな結構ずくめの例をいくら組み合わせても身の回りで普通に起きる現象を裏付けることはできない．そこで根本に立ち返るため「0次同相埋め込み」なる概念を導入した．これは次の性質をみたす0次連続写像 f のことである：

任意の正数 ε^* に対して次の論理式をみたす正数 δ^* がとれる．
　　　すべての i に対して $|f_i(\boldsymbol{y}) - f_i(\boldsymbol{x})| \leqq \delta^*$
　　　$\Rightarrow$ すべての i に対して $|y_i - x_i| \leqq \varepsilon^*$．

　通常は「逆写像は1対1写像に対して与えられ，それが連続であるとき…」と発想するがその後段部を記述してみると，前段でわざわざ「1対1」を明文化しておいた必然性が見あたらない．それでも各点思考と「1対1」にこだわって旧来風の実数観のもと定義域に制約を付け

てみるとどうなるか？

まずは有界閉集合上では「指定された距離をもつ変数ベクトルのうちでは関数ベクトルの距離は最小値をもつから」と理由付けしてみると…，要するに0次同相埋め込みに帰している．それでは開集合上ではどうかというと，開区間から平面への1対1の各点連続写像では像に各点同相とは限らない．開集合から同次元の空間へのものであれば…，有界閉集合のときの結果とさらに玄妙な「不動点定理」などの力で各点同相という結論に行き着く．しかしどうも「各点」発想は肝心のところで暗々裏に，「一様」発想の結論をあてにしているといえよう．

1. 0次同相埋め込み

再度断っておくが，本書で扱う例は特に断らない限り有界な定義域の上で考える．次の例は1次変換を合成すると「陰関数定理」のために通常扱われている設定を網羅しているが，その設定は微分を用いているのでこの段階では記述することもできない．以下0次連続写像 $f: x \to x^*$ が与えられたときの一般的設定として，2つの点 x, y を想定し，増分を $\Delta = y - x, \Delta^* = y^* - x^*$ と表記する．また付随して与えられた関数ベクトル v があればそれに対しても増分を $\Delta v = v(y) - v(x)$ と定める．

例 5-1

$$f: x \to x^* = x - v$$

ただし v は0次連続であり，また閉区間 $[0, 1]$ から半区間 $[0, \infty)$ への0次同相埋め込み θ で $\theta(0) = 0$ となるものを然るべく選ぶと次の性質をみたすものとする：

$$\|\Delta v\| \leq \|\Delta x\| - \theta(\|\Delta x\|). \qquad \cdots\cdots(*)$$

さすがにこの例になると「x, y を x^*, y^* に関して表して」というのは実際的とは思えない．さてこの f が０次同相埋め込みであることを見るには任意の正数 ε^* に対して次の論理式をみたす正数 δ^* がとれることを示せばよい．

$$\|\Delta x^*\| \leq \delta^* \implies \|\Delta x\| \leq \varepsilon^*$$

そこで ε^* が与えられたとし，$\delta^* = \theta(\varepsilon^*)$ と定める．その結果 $\|\Delta x^*\| \leq \delta^*$ をみたす x, y に対しては

$$\theta(\varepsilon^*) = \delta^* \geq \|\Delta x^*\| \geq \|\Delta x\| - \|\Delta v\| \geq \theta(\|\Delta x\|)$$

となる．一方で θ が狭義単調増加となることから，$\|\Delta x\| \leq \varepsilon^*$ が結論される．

さてこの例における v に関する条件 $(*)$ を $\|\Delta v\| < \|\Delta x\|$ に変更するとどうなるか？ 同心円に挟まれた区域から内側の方の円周上へ中心方向に向かって射影する写像を v としよう．このとき定義域に内側の円周の１点だけを含めておくと，$\|\Delta v\| < \|\Delta x\|$ ではあるが $x \to x^* = x - v$ は「各点同相埋め込み…」というわけにはいかない．ここに $\| \ \|$ は成分の平方和の $\sqrt{\ }$ と解する（前章の例 4–6 はこれに該当する）．

ところで例 5–1 はある程度融通が利く．実際このような v の例が ２つ与えられたとき，その項ごとの和や積は定数を掛ける（というか割る）ことで再び同じ設定に持ち込むことができる．それではそもそも和や積の種となる写像にはどんなものがあるか１変数で試してみよう．

例 5-2

$$f(x) = x^2/2 \quad \text{ただし} \quad x \in [0, 1]$$

$v = x - f(x)$, $\theta(t) = f(t)$ と定めると所定の条件をみたす. θ が t の1次式では済まないところが注意を要する. ただこの程度の写像を妙にいじくり回しているという印象はあろう. そこでもう少し加工してみよう. 定義域の中にどの2つも交わらない区間を(無限に)たくさん想定し, 各々の区間において両端での値を温存したまま中間では1次式に置き換える.

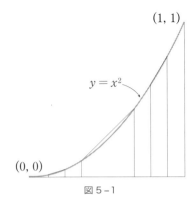

図5-1

一般的な状況を想像できただろうか？ 小区間は「右から順に」とも「左から順に」ともいっていない.「カントール集合」と呼ばれるものを作るときのようなワイルドな状況では第1段階には全体の真ん中に小区間をおく. 次の段階には分断された残りの各々の部分にも真ん中に小区間をおく……という操作を延々と続けるのである. このときも上に書いたことはそのまま通用する. このとき $\theta(t)$ は $f(t)$ でもよいが, もっと単純な $t^2/2$ にとってもよい.

2. 汎用な0次同相埋め込みをもう1つ

同じように x^* として x に項を加えた形の汎用例をもう一つ紹介しよう.

例 5-3

$$f : (x_1, \cdots, x_m) \to (x^*_1, \cdots, x^*_m)$$

ただし $x^*_i - x_i$ は i に無関係な 0 次連続関数 u で次の性質をみたすものとする：

すべての i に対して $x_i \geqq y_i \Rightarrow u(x_1, \cdots, x_m) \geqq u(y_1, \cdots, y_m)$. （**）

こういう写像は 1 次写像により $(x_1, \cdots, x_m) \longmapsto (x_1, x_2 - x_1, \cdots, x_{m-1})$ とした後，ファイバー写像をつなぐことで得られる．

3. 前章からの積み残し例

ここで前章で例 4-6 として紹介だけしたものを次に挙げる．これは $(0, 0)$ 以外の点で定義され 0 次連続である（極座標表示すれば分かる）．また $(0, 0)$ においては拡張値を $(0, 0)$ と定めても 0 次連続性を損なわない．のみならず 0 次同相埋め込みでもあるのだが，にわかにはそうと判断し難い．

例 5-4

$$f : (x, y) \rightarrow (x^*, y^*)$$

ただし $x^* = e^x - e^{-x} + p(x, y)$, $y^* = e^y - e^{-y} + p(x, y)$,

ここに $p(x, y) = (x^2 + y^2)^{-1/3}(x + y)$.

ところでこの例の p は（**）をみたすという点で前の例と何やら似ている．実は $x \to e^x - e^{-x}$, $y \to e^y - e^{-y}$ は共に 0 次同相埋め込みであり，それぞれの逆写像は具体的に書ける．これらを $\varphi(x), \varphi(y)$ とすると $u(x, y) = p(\varphi(x), \varphi(y))$ もまた（**）をみたす．ただしこのことは直接計算するよりも，「微分」を使う方が簡明に確認できる．

$(\varphi(x), \varphi(y))$ の部分を増加的な 0 次同相埋め込み一般にし，p を $x+y$ に特殊化したのが姉妹編「納得しない人のための…」の p137 で扱った例題である．いずれも例 5-3 に次の例に挙げる**直積写像**を合成することで実現できる．

例 5-5

0 次同相埋め込み f と g が与えられたとき，次の写像 $f \times g$ もまた 0 次同相埋め込みである．
$$(f \times g)(\boldsymbol{x}, \boldsymbol{y}) = (f(\boldsymbol{x}), g(\boldsymbol{y}))$$

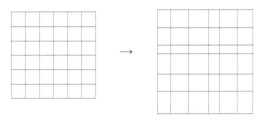

図 5-2

4. 逆写像の定義域

定義域 D 上の 0 次同相埋め込み f が与えられたとき，その像 D' からの逆写像が自然に導かれる．とはいっても D' を正確に捉えるのは決して容易ではない．例えば D を m 次元長方形に限って例 5-4（例 4-6）を考えるとその像は何やら，ある閉曲線の内部を示すように見える．しかし例 4-3 では「内部」という言い方自体が意味をなさない．「内部」が意味をなすのは変数の個数 m と関数の個数 n が同数という心地よい状況に限られる．

さて，その「内部」が捕捉できたとしても値域全体というと別な問題点を孕んでいる．D の内部の 2 点 $\boldsymbol{x}$ と $\boldsymbol{y}$ はこの範囲で互いに線分…

ではなく，折れ線で結ばれている．それ故に $f(x)$ と $f(y)$ は D の縁の像から外れた折れ線で結ぶことができる．それでは逆に f の像の点と折れ線で結べる点は像の点なのであろうか？ ここで√に初めて出会った中学生の頃を想い出すことから始めよう．

例 5-6

$$f(x) = x^2$$

ここでは $0 \leq x \leq 2$ に制限しておこう．このとき f は 0 次同相埋め込みであり，その像が影を落とす区域は $0 \leq f(x) \leq 4$ にある．2 変数の 0 次同相埋め込みでは閉曲線の内部が話題になったが，1 変数でこれに当たるのは 2 つの点の間の区域である．しかし像がその区域全体に及ぶかというと，例えば $f(x)$ が値 2 をとる x はあるのかという問題が生じたのである．その頃すでに馴染んでいた数といえば有理数（他には π のような正に「のような」でしか書けない数があったがこの際無視），それを 2 乗したとききっちり整数の 2 になるとは思えない（それが不可能だとは高校の教科書で見ることになる）．

これに対する伝統的（…20 世紀的？）な考え方，「集合論」に依拠した解析学の見解では実数軸には「考え得るすべて」の実数が先天的にひしめいていて，そういう任意の実数 x に対して x^2 の値があらかじめ定まっているということになる．

ところで本書の立場ではこうなる．任意の正数 ε と区域内の点 y に対して

(**) $|x^2 - y| \leq \varepsilon$

となる x が $0 \leq x \leq 2$ の範囲に存在し，また任意の正数 ε^* に対して正数 ε をうまくとると区域内のいかなる y に対しても (**) に該当す

る x の値 2 つの差は ε^* 以下である．言い換えれば y ごとの x の値が要求精度の範囲で定まるので，このことをもって区域内の点に対する逆写像とみなす．

　量(実数)は要求ごとの精度を背負った概念であって，関数の値はそれを念頭に置いてしか語ることができないのである．本節初めに扱った長方形から同次元空間への 0 次同相埋め込みに関して述べた「折れ線により像の点と結べる」という条件は結論からいうと「任意の要求精度に対して像の点に肉薄している」を導くことが分かっている．

　しかし，「考え得るすべての実数」が先天的にひしめいている「実数軸」というのは所詮つくりごとに過ない．スーパーに並んだグレープフルーツ 300 g (グラム) と純金 10 oz (トロイオンス) は各々の分野で了解された精度を背負った概念であるし，原子論に立てば「完全な 10 oz」なる概念は実体を伴わない．

　さて，ここで「陰関数」について述べるため前章の例 4-5 を再掲しよう．

例 5-7

$$\widetilde{f} : (x, y) \to (x, f(x, y))$$

このときその逆写像 $\widetilde{f}^{-1}$ において最終成分を固定しておいて残りの成分によって逆写像の最終成分 y を定めたのが $\widetilde{f}$ の x に関する陰関数である．とはいうものの $\widetilde{f}^{-1}$ は自動的には $\widetilde{f}$ の像の上でしか定義されていない．指定された点のいくらでも近くに像の点があるとしても像そのものの点とは限らない．それでも近くの点に対する $\widetilde{f}^{-1}$ の値で代用することで，いかなる要求誤差でもその程度の精度には値を限定できる．その結果が陰関数なのである．

　現実では「土星の輪」と呼ばれるものも実体は分厚さがありながら，

探査衛星が無事通過できたほど疎である．「人体」はたくさんの原子の疎なる集まりである．それでいて「平面」,「立体」という扱いがなされるが，それはあくまで巨視的に扱うという了解の上に立脚している．微視的に扱っているのは抽象化された「モデル」であり，現実の「もの」ではない．したがってその扱いは「現実」を名乗る甘美なる夢に耽ることなく，抽象物であるとわきまえた沈着な判断が望まれる．

第6章　*1 変数の微分*

　これまで日常的な関数の構成要素についてその連続性について述べてきた．そしてそれらをもとに構成したものに連続性が遺伝するように「連続性」自体を規定しておいた．その結果として加減乗除，積分，合成・逆写像を何回も組み合わせてできた関数の連続性が安心して扱えるようになった．この章ではいよいよ微分に踏み込むが，ここで扱う内容の一般的理論の詳細は姉妹編「納得しない人のための微分積分学再入門」を参照されたい．

1. 平均変化率と導関数

　1 変数関数の変化の概要をみるのに便利なのが「平均変化率」であり，これが 0 次連続にとれる関数は **1 次連続**であるという．関数 f の**平均変化率**は $f^{[1]}$ と表され，次の関係式を満たす 2 変数の関数である．また $f^{[1]}(x, x)$ を f の**導関数**といい $f^{(1)}(x)$ と表す．また $f^{(1)}(x)$ を x における**微係数**，導関数を求めることを**微分**するともいう．

$$f(x) - f(y) = (x - y) f^{[1]}(x, y) \qquad \cdots (*)$$

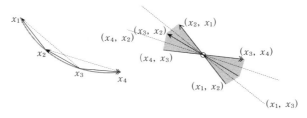

図 6−1

微分というものは y の値を決めておいてから論じるものではないか…という声が聞こえてきそうである．そこで旧来の道筋と比較してみよう．微分にしても 1 点だけでは不満があるので「各点における微分可能性」を要求したくなる．これは要するに 2 変数の関数である平均変化率の連続性を 1 変数を固定するごとに判断していることになる．

多変数関数の連続性に関する一般論として，1 変数を固定するごとに判断するのでは不十分である．果たせるかな平均変化率が 1 変数ごとに連続であること，すなわち「各点における微分可能性」だけでは安心して処理しにくい．そこで C^1 級すなわち導関数の連続性が要求される．もちろんこれは 1 次連続性から導かれることがらであるが，逆にこれを「実数の完備性」のもと，閉区間で考えるのは結局のところ 1 次連続性に帰するのである．

このように旧来の道筋では 1 次連続性に当たる「有界閉集合上 C^1 級」に至る中途に位置する概念がいろいろ出現するが，どの条件下でどの程度の性質が成立するかというようなことは本書の趣旨ではない．また実行不能な「存在証明」に頼ってまで定番の筋書きを守ることはしない．本書が目指すのはあくまで普通の関数が安心して処理できることにある．

ところで伝統的な発想では平均変化率は $x \neq y$ のときには割り算で与えられ，$x = y$ のときは極限値（が存在するときはその値）で与えられるということになる．そして「割り算の商」とは（∗）で定められるものであり，点ごとにそれを求めたものが関数だというのがその発想である．

それに対して本書では最初から（∗）をみたす 0 次連続関数そのものを求めるのである．平均変化率の値は $x \neq y$ のときは一意的であるが，$x = y$ のときの値が（あっても）一通りにしかとれないのは x が孤立点でないことと同値である．

2. 基本的な関数の平均変化率と導関数

もちろん平均変化率 $f^{[1]}$ が 0 次連続であるにはそもそも f が 0 次連続でなければならないことが (*) から分かる．しかし f が 0 次連続であっても，$f^{[1]}$ を 0 次連続にとれるとは限らない．

例 6-1

$$f(x) = |x|.$$

$f^{[1]}(x, y)$ の値は第 1 象限においては 1，第 3 象限においては -1 をとらねばならない（もちろん，他の象限ではもっと複雑である）．したがって $(0, 0)$ の周りに着目すると，$f^{[1]}(x, y)$ の値を 0 次連続にはとれないことが分かる．

例 6-2

$$f(x) = x^k \quad (k = 0, 1, 2, \cdots).$$

$f^{[1]}(x, y) = x^{k-1} + x^{k-2}y + \cdots + xy^{k-2} + y^{k-1}$ にとればよい．ここに $x = y$ を代入することにより導関数 kx^{k-1} が得られる．$k = 0$ のときは 0 個の和とみなし 0 と解釈される．この関係を発展させると積の微分公式につながるが，その話はもっと一般的に高次の平均変化率の性質として扱う．

例 6-3

$$f(x) = \sqrt{x}.$$

$f[1](x, y) = \dfrac{1}{\sqrt{x}+\sqrt{y}}$ にとればよく，導関数は $\dfrac{1}{2\sqrt{x}}$ である．ただし定義域は何らかの正数 δ 以上の範囲にある有界集合で考えているものとする．

超越関数が出てくると様子が変わって見える．「ビブンのことはビブンでせよ」という警句はあるが，そもそも積分でできた関数を表すのに積分を回避できるわけがない．

例 6-4

$$f(x) = \log x, \ g(x) = \arcsin x.$$

平均変化率はそれぞれ次のようにとればよく，導関数はそこに $x = y$ を代入して得られる．

$$f^{[1]}(x, y) = \int_{t=0}^{t=1} \frac{dt}{x+t(y-x)}$$

$$g^{[1]}(x, y) = \int_{t=0}^{t=1} \frac{dt}{\sqrt{1-(x+t(y-x))^2}}.$$

平均変化率の合成に関しては次の関係が成立する（特に g が f の逆関数であるとき，左辺は 1 である）．実際，両辺の左に $(x-y)$ をかけると所期の結論がそのまま自動的に出てくる．

$$(f \circ g)^{[1]}(x, y) = g^{[1]}(x, y) f^{[1]}(g(x), g(y)).$$

和・差・積に関してはもっと一般に高次の平均変化率にも適用できる公式がある（次々節）．ところで日常的に扱うべき対象として現れる（手段としてではない）関数は加減乗除と代入・逆関数（&陰関数）と積分を組み合わせて表される．それ故に平均変化率・導関数はこれまでに紹介した手段で代入可能な形で求めることができる．しかしその構成が込み入ってくるとかなり複雑な結論に至る．

3. 込み入った関数の導関数

　込み入った関数でも導関数だけなら機械的に処理できる．普通の関数は基本的関数から四則・代入でできている．そこでちょっと込み入った例を挙げる．

例 6-5

$$f(x) = (x \sin(a \log|x|))^{3/2}. \quad a \text{ は実定数}$$

　この関数は $f(x) = y^{3/2}$ と $y = x \sin a \log|x|$ の合成であるから f の導関数を知るには各々の微分がわかればよい．y の方は x と $x \sin a \log|x|$ の積であるから…という具合にその構成を枝分かれにより表示し，末端から根気よく微分を求めてゆけば最終的に頂上に至る．

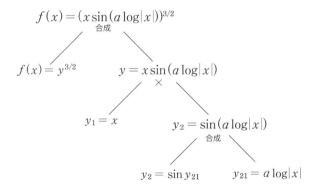

　ただし定義域は $\sin a \log|x| \geqq 0$ となる範囲で有界にとるものとする．このとき小区間ごとに導関数が求められる．この関数をひとつながりに拡張する（定義域外での値は 0）．全域的な意味での平均変化率はこの拡張関数を両端の間の区間で積分により平均化することで得られる．これをもとに f の 0 次連続性が導かれる．とはいえ自然な定義

域が無限個に分かれている関数では，このように定義域全体で0次連続な導関数をもつのは例外といえる．実際 $\log|x|$ の代わりに $1/x$ に換えただけで微係数は原点において定めることができないのだが，両者の帰趨を大雑把なグラフから判じ分けることは困難である．

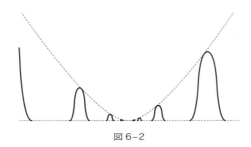

図 6-2

今の例でも $\frac{3}{2}$ 乗は3乗の $\sqrt{}$ として扱うのが便利だが，一般的な意味での y^z は $\exp(z\log y) = e^{z\log y}$ と解釈するのが微積分の文脈では自然である．いわゆる「対数微分法」はこれに当たることをしているのだが，次の例くらいになると小手先の計算術から脱して関数の組成自体をしっかりと捉え直した方が腑に落ちるのではなかろうか？

例 6-6

$$f(x) = (3+\sin x)^{g(x)},\ g(x) = (x\log x)^{\tan x}.$$

4. 高次の平均変化率と高次の導関数

平均変化率における変数の1つに関する平均変化率を2次の平均変化率，そのまた平均変化率…のようにして一般的に m 次の平均変化

率 $f^{[m]}$ が規定されるが，これを 0 次連続にとれるとき m 次連続であるという．

$$f^{[m-1]}(x_0, x_1, \cdots, x_{m-1}) - f^{[m-1]}(x_1, \cdots, x_{m-1}, x_m)$$
$$= (x_0 - x_m) f^{[m]}(x_0, x_1, \cdots, x_m).$$

割り算を厭わずに展開すると次のようになる．

$$f^{[m]}(x_0, x_1, \cdots, x_m) = \sum_j f(x_j) / \prod_{k(\neq j)} (x_j - x_k).$$

ここに Σ は j についての和，Π は k についての積を表す．また，和や積は ( ) 内の条件をみたす範囲をわたるものとする．このことから $f^{[m]}$ は $x_0, x_1, \cdots, x_m$ に関して対称であることが分かる．行列式 det を用いて分母を払えば次のように表示できる．

$$\det \begin{pmatrix} 1 & x_0 & \cdots & x_0^{m-1} & f(x_0) \\ \vdots & & & & \vdots \\ 1 & x_m & \cdots & x_m^{m-1} & f(x_m) \end{pmatrix}$$

$$= f^{[m]}(x_0, \cdots, x_m) \cdot \det \begin{pmatrix} 1 & x_0 & \cdots & x_0^m \\ \vdots & & & \vdots \\ 1 & x_m & \cdots & x_m^m \end{pmatrix}$$

一方で導関数の導関数…で得られるものを高次の導関数と呼ぶ．区間上の関数の m 次の導関数 $f^{(m)}$ は m 次の平均変化率の変数 $m+1$ 個すべてに一斉に同じ値を代入したものの $m!$ 倍である．また m 次平均変化率は m 次導関数の単体（区間，三角形，四面体の m 次元版）上の積分である（例 6-4 を参照）．

高次の平均変化率と和 (・差)，積の関係は次の通りである．

$$(f \pm g)^{[m]}(x_0, x_1, \cdots, x_m)$$
$$= f^{[m]}(x_0, x_1, \cdots, x_m) \pm g^{[m]}(x_0, x_1, \cdots, x_m)$$
$$(f \cdot g)^{[m]}(x_0, x_1, \cdots, x_m)$$
$$= \sum_i f^{[i]}(x_0, \cdots, x_i) \cdot g^{[m-i]}(x_i, \cdots x_m).$$

積に関するものを $f \cdot g = 1$ のときに適用すると $\dfrac{1}{f}$ の高次平均変化率の公式が漸化式で与えられる．また積に関する高次導関数は次の式で得られる（ライプニッツの公式）．

$$\frac{(f \cdot g)^{(m)}(x)}{m!} = \sum \frac{f^{(i)}(x)}{i!} \cdot \frac{g^{(m-i)}(x)}{(m-i)!}.$$

高次の平均変化率そのものを具体的に記述するのは変数が多いだけあってかなり難しい．そういう中にあって次の例は意外なほど単純である．

例 6-7

$$f(x) = \frac{1}{a-x} \quad (a \text{ は実定数})$$
$$f^{[m]}(x_0, x_1, \cdots, x_m) = \frac{1}{(a-x_0)(a-x_1)\cdots(a-x_{m-1})(a-x_m)}.$$

したがって f の m 次の導関数は $\dfrac{m!}{(a-x)^{m+1}}$ である．

第7章　区間上の微分

　1変数の関数の多くは区間の上で扱われる．「自然に定義される区域は切れ切れになっていることもあるけど，一つ一つの区間で考えたらいいよね…」というのが善男善女の発想であろう．そんな牧歌的なことで済めばよかったのだが，実際には数学が認知してしまった対象はそれだけでは済まない．前章で取り上げた $(x\sin a\log|x|)^{3/2}$ のように（例6-5）「一つ一つの区間」では捉えきれない問題もある．ただ区間上で考えることはやはり大きな意味をもっている．この章ではそういう話題に焦点を当てる．

　さて姉妹編である「…再入門」では逆関数や陰関数の定義域を想定して「擬区間」なる言葉を用意した．ところで合成関数には逆関数や陰関数も適用しなければならない．そのため本書では定義域として単純に区間を想定し，関数は形式的に捉えてその値については「任意の正数に対してその程度の許容誤差で値を絞り込むことができる」という意味に予め解釈しておくことにする．この視点は第13章で集合の「度量（広さ）」について考察する段になると，留意事項として論理構成に影を落とすことになる．

1. 関数の多項式近似

　区間 I で定義された m 次連続関数 f を I の点 a を基準にして多項式で近似すると次のように変形できる（Taylor の定理）．

$$f(x) = f(a) + (x-a)f^{[1]}(x, a)$$
$$= f(a) + (x-a)(f^{[1]}(a, a) + (x-a)f^{[2]}(x, a, a))$$
$$\vdots$$
$$= \sum_{i=0}^{m-1} (x-a)^i f^{[i]}(\boldsymbol{a}_{i+1}) + (x-a)^m f^{[m]}(x, \boldsymbol{a}_m).$$

ここに $\boldsymbol{a}_\#$ は a を $\#$ 個並べたものを表す．またさらに $f^{[i]}(\boldsymbol{a}_{i+1})$ の部分は $f^{(i)}(a)/i!$ に一致し，誤差項の因子 $f^{[m]}(x, \boldsymbol{a}_m)$ は m 次導関数の単体(区間，三角形，四面体の m 次元版)上の積分で表すこともできる．その結果この値も $f^{(m)}(x)/m!$ を単体上で平均化したものとして捉えることができる．

ところでこの誤差項に「$m = \infty$ のとき」の値として 0 を想定してみよう．その結果これらのなす列が $x = a$ の近くで $(x, 1/m)$ に関して 0 次連続であるとき，f は a の近くで**正則**であるという．

関数の多項式近似は魅力的である．現代のようにコンピュータが常在化していて簡単な計算ならケータイでもできる時代からは想像しにくいが，手計算で天体の軌道などを求めていた先人たちはたくさんの代入を簡便に近似処理するために涙ぐましい努力を払ってきたのである．とはいっても微分操作を不定回繰り返した結果をすらすら書ける関数は限られている．その一方の代表は指数関数に sin と cos，一言で言えば線形微分方程式の基本解である．

例 7-1

$f(x) = e^x, a = 0.$
$$f(x) = \sum_{i=0}^{m-1} \frac{x^i}{i!} + \frac{e^{i\theta} x^m}{m!} \quad (0 < \theta < 1)$$

この表示は誤差項を m に関して追跡すると収束が早いので重宝する．ただしそのためには結局のところ e に対して伝聞や憶測ではなく自力で確認できる盤石な上界値を 1 つ確保しておかねばならない．

微分操作の不定回繰り返しが容易な関数のもう一方の典型は $f(x)=(1+x)^\alpha$ (α は実数) と $\log(1+x)$ である．この関数を $x=0$ を基準にして考えると，α が非負の整数以外のときは上の例のような方法では誤差項 $x^m f^{[m]}(x, 0_m)$ の評価が $x=-1$ のあたりで制御しにくくなる．このときは誤差項を積分表示することで切り抜けることができるが，下に挙げる例から類推していただきたい．もっともこの関数の $x=-1$ 近辺での振る舞いまで念頭に置いて，$x=0$ を基準にした多項式近似に執着するべき必然性が見あたらない．この $f(x)$ はそのままで明瞭に捕捉された関数であって，級数近似により規定されるものではない．

ところで e 以上にポピュラーな絶対定数，それは小学校からお馴染みになっている円周率 π である．$\pi = 3.14\cdots$ と気軽に言うが，そのことを伝聞に丸投げせず実際に小数第 2 位まで確認した人は少数であろう．日本で π の認識が $\sqrt{10}$ すなわち $3.16\cdots$ から $3.14\cdots$ に移行したのは江戸時代のことだったという．π の近似値を求めるには「逆三角関数」が用いられるが，その中で扱いやすいのは arctan であるといえよう．ただしこの関数を不定回数微分した一般形は決して単純ではない．そこで後の章で解説することになる積分を用いて表す．

例 7-2

$$\arctan x = \sum_{i=0}^{m-1} (-1)^i \frac{x^{2i+1}}{2i+1} + \int_{t=0}^{t=x} (-1)^m \frac{t^{2m}}{1+t^2} dt$$

この表示は次の等式の両辺をそれぞれ積分して得られる．

$$\frac{1}{1+x^2} = \sum_{i=0}^{m-1} (-x^2)^i + (-1)^m \frac{x^{2m}}{1+x^2}$$

その結果，誤差項の絶対値は t^{2m} の積分値である $\dfrac{x^{2m+1}}{2m+1}$ 以下になることが分かる．ここで x に 1 を代入すると左辺は $\dfrac{\pi}{4}$ になり，右辺の一般項も美しい．しかしこれでは誤差の収束がひどく悪い．π の値を本

格的に近似するには arctan の代入値をいろいろ組み合わせる巧妙な等式が多く工夫されている．もっとも許容誤差が 0.001 程度なら，電卓の力を借りこの例に $\frac{1}{\sqrt{3}}$ を代入すれば $\frac{\pi}{6}$ の 6 倍として結構安直に計算できる．

2. 関数の増減

区間上で 1 変数関数の増減を調べるのには「増減表」がよく用いられる．ところで，増減を調べるにはとにもかくにも微分してみる…？

例 7-3
$$f(x) = x^3 \arctan e^x \quad (x \geqq 0).$$

微分なんかしないで順に単調増加性を追っていけばすぐ分かる．$e^x - e^{-x}$ だと少し手が込んでいる．x が増大すると $-x$ は減少，e^x は増大し e^{-x} は減少する．したがって $f(x)$ は増大する．いずれも微分なんか持ち出さない方がスッキリしている．一般的には微分するのはそれなりに煩わしいことであり，しないで済むならそれに越したことはない．増減表は変数，関数，導関数，2 次導関数と機械的に書く学生がいるが，微分回数はどこまでいっても万能ではない（微分は必要な回数だけしぶしぶするものである）．それどころか特別の事情がない限りは微分する回数が増えるごとに複雑になるので，さじ加減が大事である．

例 7-4
$$p(x) = (x^2 + a^2)^{-1/3}(x+a), \quad \text{ただし } a \text{ を実定数とする．}$$

これはさすがに増分や平均変化率では手間取る．a が 0 でないとき

は出来合の手段で導関数を求めると

$$\frac{d}{dx}f(x) = -\frac{1}{3} \cdot 2x(x^2+a^2)^{-4/3}(x+a) + (x^2+a^2)^{-1/3}$$
$$= 3^{-1}(-2x^2-2ax+3x^2+3a^2)(x^2+a^2)^{-4/3}$$

となり，多項式部分の値が常に正であることから f の増加性が導かれる．ただ $a=0$ のケースはカバーできていないが，このときは単純に $f(x) = x^{1/3}$ となって単調増加になるのである．

前から読んできた読者は薄々「何やら…デジャ・ヴュな話題」と感じているかも知れない．これは前々章において説明半ばで終わった例 4-8（例 5-4 として再登場）における $p(x,y) = (x^2+y^2)^{-1/3}(x+y)$ の y を定数 a にしたものなのである（おまけに $a=0$ のときの $f(0)$ は p の $(0,0)$ における極限値でもあるが）．つまり f の単調性は

$$x \geq x' \Longrightarrow p(x,y) \geq p(x',y)$$

を意味するが，p の対称性より y についても同様のことが成り立つので

$$x \geq x',\ y \geq y' \Longrightarrow p(x,y) \geq p(x',y')$$

となる．それで例 5-3，例 5-5 を使おうとすると $e^x - e^{-x}$ が 0 次同相埋め込みであるかどうかが問題になるのだが…，それは例 7-1 の解説に付け加えて述べた通りである．

例 7-5

$$\frac{\sin x}{x} \quad (\text{ただし } 0 \leq x \leq \pi/2).$$

単調性を知るにはまずは $\sin x$ を新たな変数 y とし，$\dfrac{y}{\arcsin y}$ と考える．するとこれまたどこかで見た話題，そう例 6-4 の再現になるが

$$\frac{\arcsin y}{y} = \int_{t=0}^{t=1} \frac{1}{1-(ty)^2} dt$$

となって，この関数は $0 \leq y \leq 1$ の範囲で単調増加である．ということはその逆数，言い換えれば $\dfrac{\sin x}{x}$ は所定の範囲で単調減少であることが

分かる.「$\sin x$ を Taylor 展開して頭から 2 項ずつまとめるとそれぞれが単調減少になる…」という意見もあるが,それをいうには「無限級数」の議論が必要である.また Taylor 展開が苦痛なく実行できるケースは稀有であるが,積分の増加・減少性はもっと日常的に使える手段である.

3. de L'Hospital の定理の周辺

関数の増減を語るに当たって極限の話は避けられない.それを簡便に扱う手段として「de L'Hospital の定理」は重宝する:

f, g を 1 次連続な関数とし,$x \to a$ (a として ∞ も可) のときを考える.今 $f(x) \to 0, g(x) \to 0$ であり,$f'(x)/g'(x)$ が極限値 A をもつとする.このとき A は $f(x)/g(x)$ の極限値でもある.

それで

例 7-6

$$\lim_{x \to 0} \frac{x \cos x - \sin x}{x^2} = \lim_{x \to 0} \frac{\cos x - x \sin x - \cos x}{2x}$$
$$= \lim_{x \to 0} \frac{-x \sin x}{2} = 0$$

等号でつないではあるが,左辺から順に右辺の方向に依存している.つまり右の方の値が確定することが理由で左辺の値が確定していくという寸法である.

同様に原式の分子にある「$-$」を「$+$」に換えると結局 $\lim_{x \to 0} \dfrac{-x \sin x - 2 \sin x}{2}$ となってやっぱり 0 だ…,というのは勇み足.仮にそうだったら本例と合計して $x \cos x / x^2$,つまり $\cos x / x$ の極限は 0 になってしまう.de L'Hospital の定理を繰り返し使うときは各段階で条件「$f(x) \to 0, g(x) \to 0$」を確認しておかなければならない.変形版の罠は第 2 辺でこの条件の確認を怠ったのが原因なのである.

例 7-7

$$\lim_{x \to +0} \frac{(\sin x)^{1/2}}{\sin x^{1/2}}$$

まずは分母を繰り返し微分していくと

$$\sin x^{1/2} \to 2^{-1} x^{-1/2} \cos^{1/2} \to \cdots$$

となって，どんどん煩雑になっていくが見通しは全く立たない．こういうときは分子分母をもっと簡明な関数で置き換える工夫をする．$\sin x / x$ の極限が 1 なので $(\sin x)^{1/2}$ は $x^{1/2}$ との比の極限も 1 である．それで

$$\lim_{x \to +0} \frac{(\sin x)^{1/2}}{\sin x^{1/2}} = \lim_{x \to +0} \frac{(\sin x)^{1/2}}{x^{1/2}} \lim_{x \to +0} \frac{x^{1/2}}{\sin x^{1/2}}$$

となるが

$$\lim_{x \to +0} \frac{(\sin x)^{1/2}}{x^{1/2}} = \lim_{x \to +0} \left(\frac{\sin x}{x} \right)^{1/2} = 1$$

$$\lim_{x \to +0} \frac{x^{1/2}}{\sin x^{1/2}} = \lim_{y \to +0} \frac{y}{\sin y} = 1$$

であることから，問題の極限値は 1 であることが分かる．

4. 日常的な $\frac{\infty}{\infty}$ 型極限

いわゆる理系にとって（少なくとも耳学問として）常識になっていることを挙げる．いずれも α は正の実数とする．

例 7-8

$$\lim_{x \to \infty} \frac{\log x}{x^\alpha} = 0$$

例 7-9

$$\lim_{x \to \infty} \frac{x^\alpha}{e^x} = 0$$

$e^{x/\alpha}$ を新たな変数 y と捉えれば下例は ($\lim_{x \to \infty} x^\alpha = \infty$ に帰着するので，この際) 上例に同値だといえる．それでどちらが攻略しやすいか？それには「de L'Hospital の ∞/∞ 定理」というのがある：

f, g を 1 次連続な関数とし，$x \to a$ (a として ∞ も可，ただし 1 次連続性は有界区域上) のときを考える．

今 $f(x) \to \infty, g(x) \to \infty$ であり，$\dfrac{f'(x)}{g'(x)}$ が極限値 A をもつとする．

このとき A は $\dfrac{f(x)}{g(x)}$ の極限値でもある．

これを使うと，例 7-8 は

$$\lim_{x \to \infty} \frac{\log x}{x^\alpha} = \lim_{x \to \infty} \frac{1/x}{x^{\alpha-1}} = \lim_{x \to \infty} \frac{1}{x^\alpha} = 0$$

となるので例 7-9 より扱いやすい．とはいうものの，この定理自体は一般的に証明しようとすると結構手こずることになる．

そこで例 7-8 に戻って考え直そう．α について統一的に扱おうとせずに，特別な α のケースに帰着させてみよう．となるとどうしても α が 1 のものに目が向くが，証明の都合上 α が 2 のものに帰着させるべく $y = x^{\alpha/2}$ としてみよう．

例 7-10

$$\lim_{x \to \infty} \frac{\log x}{x^\alpha} = \frac{2}{\alpha} \lim_{y \to \infty} \frac{y}{y^2}$$

この等式は $1 \leqq y$ における不等式 $(0 \leqq) \log y \leqq y$ から，はさみうちの原理でも得られる ($\log y$ が 1 より小さい $1/y$ の積分であることに注意)．

> **例 7-11**
>
> f が有限区間ごとに 0 次連続で $\lim_{x \to \infty} f(x) = a$ とする.このとき
> $$\lim_{x \to \infty} \frac{\int_0^x f(t)dt}{x} = a$$

　これくらい一般的なことも $\frac{\infty}{\infty}$ 型の適用を受ける.積分の代りに Σ で書いたものも,さらにその応用として解決する.

第8章　R線上の悪戯者たち
　　　　　　　　（worrier）

　この章ではいわゆる「病的な関数たち」が主役である．何の因果でそんなものを考えるのだと訝る人もあろう．それは…関数とは何かという根深い論点に関係しているのである．それゆえこの章の内容を完全にフォローするにはもっと先の知識を要するところもある．以下では本書風に定義域を有界化するため，予め実数 a, b を選んで変数をまずその間に制約しておくことにする．

1. 接ぎ目の軋（きし）み

　まずは0次連続だが1次連続でない関数，$|x|$ はその典型例である．「そうはいうけど…，$x=0$ を境に2つの区間に分けたらそれぞれの区間で1次連続．関数っていくつかに分けたら各々の区間でまともなんだよね」というのが大方の善男善女の反応であろう．ただその意見には問題点がいろいろある．
　その皮切りが「まとも」，それがどんなことか考えてみたことがあるだろうか？

例 8-1

$$f(x) = \begin{cases} (x \sin \log|x|)^2 & \cdots\cdots\ x\text{ が0でないとき} \\ 0 & \cdots\cdots\ 0\text{ のとき．} \end{cases}$$

この関数は1次連続，旧来風には C^1 級である（が2次連続ではな

い).「関数の微分が点 x において 0 なら，その左右ではそれぞれ単調増加か単調減少ではないのですか？」…著者が駆け出しの教員だった頃，学生から投げかけられた質問である．そのときに挙げたのがこの手の関数であった．

「そんなのも…，関数なんですか？」，「うん，そういうことになるね」．学生の喉に引っかかっているわだかまりについてはひとまず腹中に収めて貰うことになる．「列」とその「極限」を正当化した限りは致し方ない，20世紀数学の意地というか業ということになろう．

今の例における 2 乗のところを 3/2 乗に取り替えると第 6 章の例 6-5 になる．その結果定義域が切れ切れになり，一つ一つの区間だけでは全体を見ることができない．しかし…通常は，後者のような例は表には出てこない．

2. 本質的に微分できない連続関数

この節では座標平面に正置した長方形を分割し，内部にいくつかの頂点を配したものを考える．ただしそれらはどの 2 つも縦には並ばないようにし，もとの長方形の対頂点も一対選んでおく．これらのうち x 座標が隣接する 2 点を対頂点とする長方形ごとに，もとの長方形を頂点込みでタテ・ヨコそれぞれこの比率(符号込み)で縮める．

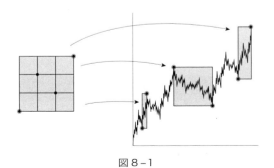

図 8-1

例8-2

上の操作を際限なく続けていって出現したすべての頂点に関して，x座標に対してy座標を対応させる．またもとの区間にある他の点に対しては，要求精度に応える程度に近い頂点を探してそのy座標を対応させる…という意味で値を定める．

この関数は0次連続であるが，もとの長方形に対して選んだ頂点がすべて一直線上に並んでいるとき以外は1次連続にならない．旧来的に言えば各々の縮小長方形において対角線の傾き（の絶対値）が全部もとの長方形のときのもの以上であるときは定義域におけるどの点においても「微分不可能」であるが，それ以外のときは「微分可能な点」をもつ．少々煩雑すぎるかも知れない．簡略化した例を挙げよう．

例8-3

「元々の長方形」を$[0, 1]^2$，中にとる点を$\left(\frac{1}{3}, \frac{1}{2}\right)$と$\left(\frac{2}{3}, \frac{1}{2}\right)$として，上の例を実行する．実質的には中の2点は直接ヨコに結び，両脇の長方形についてのみ上の操作を繰り返していく．通称をCantorの階段関数，悪魔の階段という別称もある．

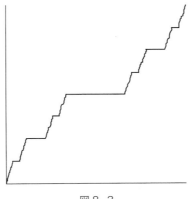

図8-2

このケースでは定義域の「ほとんどの点」がヨコに結んだ線分のどれかの上にある点の x 座標である．とはいうもののこれだけではヨコ線部分の y 座標は 2 の巾乗を分母とする有理数に限られる．こういったヨコ線部分 (両端を除く) のどれにも属さない点の x 座標の全体を Cantor 集合といい，ここでとる y の値は $[0, 1]$ のすべてにわたる．

　人は都合の悪い例を見ると例外だと思いたがる．しかしそういう嫌われ者が見えなかったのは馴染みがないというのが理由であって，そういう歓迎されないもののほうがむしろ多い．外来害虫でも新型のウイルスでも，一度 (ひとたび) 見つかれば身の回りに遍在しているのだと分別するしかない．

3. 何回でも微分できる関数

　どの自然数 k に対しても k 次連続である関数，言い換えれば何回でも微分できる関数は ∞ 次連続であるという (旧来的には ∞ 回微分可能)．何回でも微分できるのであるが，それでは満足できないという立ち位置もある．

例 8-4

$$f_N(x) = \sum_{n=0}^{N} \frac{\cos(2^n x)}{n!} \quad (N = 0, 1, 2, \cdots)$$

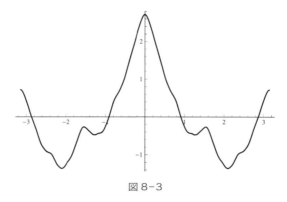

図 8-3

　さてこの関数列は収束しているのかどうか，そうだとしても極限関数は微分ができるのかと悩ましい．そこで $f_N(x)$ を k 回微分してみよう．

$$\frac{d^k}{dx^k}f_N(x) = \sum_{n=0}^{N} \frac{2^{nk}\cos(2^n x + k\pi/2)}{n!}.$$

この関数列は k を固定するごとに $\left(x, \dfrac{1}{N}\right)$ に関して 0 次連続であることが容易に見て取れる．その結果，極限関数は ∞ 次連続であることが分かる．微分したい人は何回でも気の済むまで微分したらいい．それで…，満足できるのだろうか．

　件(くだん)の級数は項ごとに正則なので，$f_N(x)$ 自体も正則関数である．そうなるとこの関数列の極限関数 $f(x)$ も正則かどうかは気になる．これを調べるため，まずは $x=0$ において k 回微分した値を追跡してみよう．

$$\begin{aligned}\frac{d^k}{dx^k}f(0) &= \sum_{n=0}^{\infty} \frac{2^{nk}\cos(k\pi/2)}{n!} \\ &= e^{2^k}\cos(k\pi/2).\end{aligned}$$

　このことから f の 0 を中心とした「Taylor 級数の収束半径」は $2^{-k}(k!)^{1/k}$ の（下）極限すなわち 0，言い換えれば 0 の近辺で f は正則

でないことが分かる（本書では前章，詳しくは他書で巾級数のくだりを参照）．

　この事情は中心として 2π の整数倍を 2 の巾乗で割った値を選んだケースでも本質的に変わらない．すなわちこのケーでも $\frac{d^k}{dx^k}f$ の値が有限個の k を除いて 0 におけるものと一致し，除外値による補正の影響は k の指数関数程度だからである．それ故に $f(x)$ はいかなる点の近辺においても正則ではないことがわかる．

　ところで，正則でないという不調和を関数のグラフから感じる人がいるのだろうか？仮に関数，導関数，…その種の値にいくつか見当をつけて目を光らせてみたとする．しかしそれが有限個である限り，与えられた正則関数列はそれらすべてを所要精度に近似する番号を提供している．それ故に，その不調和を読み取ることはまずできまい．

　この「不調和」に関して「本来は正則関数を実数世界ではなく複素平面で考えねばならない」と解される．命題の記述に必須でない条件が追加されるのでは論理構成がお座なりというそしりを免れまい．

　そもそも巾級数展開は合成には不便であり，一般的には展開の基準点をずらすことに限っても大した進展はない．「級数」にもいろいろあるがそれらは微分方程式などで明確に規定された関数を各趣向に合うように扱うのを助ける便法であって，関数を創出する手段ではあるまい．

4. ∞ 次連続関数こぼれ話

　何回でも微分できる関数…というと，こんな不思議な例がある．

例 8-5

閉区間上で無限回微分可能で，点ごとに何回目かの微分が 0 である関数 f は多項式か？

　まさか…．なんとか反例を挙げようという気になる．それについて

も「値が 0 となる」微分回数が点ごとに脈絡もなく変わるとは，何とも乱暴な設定である．事情は後で説明するが，ここでは旧来の数学に本書流を付け足した視点で述べる．単一区間以外の定義域も視野に入れておく意義が見えてくるであろう．ここで紹介する論法は特に高度であるので，通常の微積分の教科書の水準を超えている．

まず定義域を I_0 とし，f が多項式で表される開区間があればそのうち極大なものを網羅しておく．それが I_0 から両端を除いたものであればよし，そうでなければこれらで覆えない点の全体を C とする（例 8–3 Cantor 集合を参照）．C が I_0 の端でない点を孤立点としてもつことはない．それを挟んで異なる多項式だと ∞ 次連続ではないし，同じ多項式だと区間の極大性に反するからである．

ところで微分回数 k を決めるごとにその値を 0 とする点の全体は（有界）閉集合となり，それらを合わせると C を覆う．その結果 Baire の定理と呼ばれる命題により，そのメンバーのどれかは C の点 P とそれを中心とする開区間 I を適切に選ぶことで，I と C の共通部分を内包する．このときの k に注目して f を k 回微分した関数 g を I に制限してみよう．

P が $I \cap C$ に属するので，I において g は全域 0 とはならず，多項式（仮に m 次式とする）となる区間をもつ．ここでは g の m 次導関数は 0 でない定数値をとる．一方 $I \cap C$ は孤立点をもたないので，そこでは g の m 次平均変化率は一意的に $g^{(m)}/m!$ すなわち 0 に拡張される．結局，$g^{(m)}$ は I において 0 次連続ではないことになってしまう…．

結果的にはこの命題はなんと正しかった…，と著者が気づいたのは初見からとうに四半世紀を経過したときであった．書いてある条件を文言通り解釈して得られる結果を積み重ねること．それでも到達できない陳述が誤りだと信じるのも自己責任．「証明できぬときは疑い，反例も作れぬときは虚勢を張らずに非力を知る」それが本道というものである．

5. 定めなき世の定め

「連続だが微分できない」とか,「何回でも微分できるが正則でない」とかいう以前に連続でない例をなぜ扱わないのかという疑問が湧いてくるであろう. 次に挙げるのはその典型例である.

例 8-6

$$\chi_S(x) = \begin{cases} 1 & x \in S \text{ のとき} \\ 0 & x \notin S. \end{cases}$$

S が有理数集合のときこの関数は 0 次連続ではない(旧来的にも「いかなる点においても連続ではない」)し, その事情は無理数集合のときも同じである. このときは「前者の積分は 0 だが, 後者の積分は定数関数 1 の積分と同じだ」, これが 20 世紀を代表するルベーグ積分の見解である.

さすがに気持ち悪いと思う人もあろうが「背に腹は替えられない」のが 20 世紀数学の事情である. 善し悪しは後世が, 正当化された例・なおざりにされた例を踏まえて先入観を排して判断するであろう.

この薄気味悪さはそもそも何に起因するのか. 第 4 章では「実数は要求ごとの精度を背負った概念」と述べた. 無限に多くの点の不安定さを抱えたまま微妙な判定をするのは不可避なのだろうか? いやそもそも $x \geqq 0$ かどうか判断できないなら, それをもって値が 1 か 0 かを定めたものは「関数」なのかということにもなる. これについては $x = 0$ 近辺での値は微妙になるが, 積分を論じるには支障がない.

「$|x|$ についても同様にデリケートなのか」という疑問を持つ人もあろうが, こちらは要求精度に応じて値を絞り込んでいるという意味で「実数値の関数」といえる. ところで, 本書でも関数の定義域として区間などが想定されているが, 変数値が定義域に属するかどうか判定できるのかという指摘もあろう. 関数とは定義域の任意の変数値に対して値を対応させる仕組みである. 変数値の帰属を判定するのは変数値を

当てはめる側の責任である．関数を設定する側にその責任はなく，属しているときの対応ができていればいいだけのこと…というのが本書の立場である．

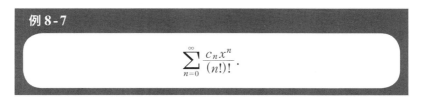
例 8-7
$$\sum_{n=0}^{\infty} \frac{c_n x^n}{(n!)!}.$$

ここでc_nのとる値を0か1に限ることにすると，「この無限級数は文句なしに収束する」という反応が返ってきそうである．ところがこの世には数列の「決定可能性」という視点があり，有名なところではc_nを「n番目の整係数不定方程式が整数解をもつかどうか」で1,0を決めるのは「決定不能」となっている．

「決定不能」なんか解析学には関係ない…という声が聞こえてきそうであるが，通常の微積分の教科書の筋書きはこれよりたちがいいとは思えない「存在証明」に依拠している．そこで出てくる「決定不能」でも予め決まっている…という画餅は腹の足しにならない．煩悩の犬は追えども去らず，Schrödingerの猫は問えども応えず，望まれるのはあくまで要求精度に適う関数値を実現するべく変数値の範囲を絞るすべ・・である．

さて，こういった論点に関する本書のスタンスを述べよう．微積分は加減乗除と合成・逆写像を下敷きとして微分・積分を扱うことを旨とする．微積分における「無限列」はそれが話題に上ったときに無難に処理すればよいだけであって，それ自体の正当性を正面切って保証すべきものでもあるまい．

「無限列」が関数を作る正当な操作だと認定するのであれば，それによって生成されるあらゆる不愉快な「関数」に正面から向き合わねばならない．そのような手段を必要としないものまで「列」と同格に扱われる筋合いはない．微積分を扱う目的で伝統的に用いられていたことを理由に「無限列」の生成を正当化するのは本末を転倒している．重宝

と不可欠は違うものだ．

　関数の定義域に関して述べたように，変数値が定義域に属するかどうかを判定するのは関数を設定する側の責任ではない．これと同様に，持ち込まれた「無限列」が正当なものかどうかはこれを持ち込む側の責任であって，扱う側の責任ではない．これを持ち込むことに固執して「正当である」と肩肘を張る必要はない．宮本武蔵曰く「神仏は尊し，神仏をたのまず」．

　図 8-3 は京都産業大学の牛瀧文宏教授の提供による．同教授に深謝する次第である．

第9章　多変数の微分

　R 線上の魑魅魍魎たちに付き合った後は精進落とし…と油断するとひどい目に遭う．1変数のときに出現する困りものは多変数になったらいなくなるというようなものではない．それどころか1変数のときには顕在化しなかったような問題点が次々に顔を出してくる．

　1変数に慣れきった目で見ると多変数関数はいろいろな意味でひどく勝手が悪い．1変数的な見方を押し通そうとすると「連続性」の段階でも，降って湧いたような制約条件に気を遣わねばならない．「微分」についてはさらなるどんでん返しが重層的に待ち構えている．

　それ故に微分を語るには初めから多変数で扱う方が首尾一貫するのであるが，本書でも1変数の微分は少しくらい旧来の道筋の痕跡を残すよう配慮した．いずれにせよ多変数ともなると根本的な意識改革が必要である．

　まずは定冠詞付きの「$u=f(x,y)$ の『微分』」の名にかなう関数が見あたらない．何しろ変数が複数あるので安直に f' というわけにはいかない．それで x だけが変数だと思って得られる微分を考えることになる．

　x だけを変化，つまり y を定数だと思って（といわれても思えない人は一旦定数らしく y_0 と書いた上で）微分するがそれを du/dx と書いて導関数と呼ぶのは緊張感が薄い．多変数ではいろいろ気をつけねばならないことが出てくるので，ちょっと字体を換えて d の代わりに ∂ と記述し呼び名も x に関する**偏導関数**とする．

　偏導関数がどれも0次連続にとれるとき，f は U^1 級であるといい，この操作を m 回続けることが n^m 通りどれでも可能であるとき U^m 級

であるという．またどの m に対しても U^m 級であるとき，U^∞ 級であるという．

さて偏導関数は変数の個数だけ種類があり，これを 2 回繰り返すだけでも $\dfrac{\partial(\partial u/\partial x)}{\partial x}$ のほか $\dfrac{\partial(\partial u/\partial x)}{\partial y}$ のようなものが出現するが，縮めてそれぞれ $\dfrac{\partial^2 u}{\partial x^2}$，$\dfrac{\partial^2 u}{\partial y \partial x}$ のように表す．後述するように通常の設定では $\dfrac{\partial^2 u}{\partial x \partial y}$ と $\dfrac{\partial^2 u}{\partial y \partial x}$ は一致する．その結果上記の n^m 通りから $_{n+m-1}\mathrm{C}_n$ 通りにまで減らすことができる．

本書では関数の定義域は有界集合であることを前提とするが，旧来の教科書ではこれを外し代わりに（開）領域または閉領域で考える．その結果出てくる概念を C^m 級と呼ぶ．さらには正則関数に対して C^ω 級という用語も用いられることがあるが，本書の流儀には馴染まない．

U^m 級と C^m 級は共に有界（閉）領域上に適用されるが，論理上は若干の齟齬がある．本書では 0 次連続，旧来のものでは各点連続（点ごとの収束）を基盤にしていることによる．しかし旧来の方式でも有界閉領域においては「実数は完備」という理由により各点連続が一様連続になることから一致する…と結論している．

1. 「x だけを変化」とは言うけど…

変数 x, y のうち x だけを変化させてみると

> **例 9-1**
> $$u = \log(x+e^y) - x\arctan(x+e^y)$$
> $$\frac{\partial u}{\partial x} = \frac{1}{x+e^y} - \arctan(x+e^y) - \frac{x}{1+(x+e^y)^2}.$$

ところで一々 e^y と書くのは面倒くさいから変数を取り替え $s=x, t=e^y$ と置き直したいという類の要求は今後出現するであろう

もっと複雑な設定からして避けがたい．

$$\frac{\partial u}{\partial s} = \frac{1}{s+t} - \arctan(s+t) - \frac{s}{1+(s+t)^2}$$
$$= \frac{1}{x+e^y} - \arctan(x+e^y) - \frac{x}{1+(x+e^y)^2}.$$

そして「s といっても要するに x のことなんだから，u の増分 Δu を s（すなわち x）の増分 $\Delta s = \Delta x$ で割った値の極限は $\partial u/\partial x$ でいいんじゃないの？」という疑問が湧いてくる．それならいっそのこと $s = x, t = x+e^y$ とした方がスッキリしている．その結果 $u = \log t - s \arctan t$ となって

$$\partial u/\partial s = -\arctan t$$
$$= -\arctan(x+e^y).$$

s は x なんだからこれも $\partial u/\partial x$ と書くことにする？まさか！こっちの場合は t に x が入っているから…という説明も要は結果論を言っているだけのような印象がある．

おまけに次の例で定義域として $y \leqq 2x$, $x \leqq 2y$, $x+y \leqq 1$ を想定すると，そもそも点 $(0, 0)$ においては $y = 0$ のまま x を変化させることができない．

例 9-2

$$f(x, y) = ((y-2x)(x-2y)(x+y-1))^{3/2}.$$

旧来的には「それは不等号 $\leqq$ を $<$ に取り替えた区域で考えてから極限をとって…」というが，これまた1変数のときとは扱いが違っている．1変数ではこれに似たものとして $((1-2x)(x-2))^{3/2}$ を挙げることができる．こちらは極限を持ち出すまでもなく端まで込めて C^1 級（本書の流儀でも1次連続）である．

2. $\partial u/\partial x$ とは何だ？

「1つの変数だけを変化させる」というのは実行できれば計算に好都合だが，文言通りいかない場合がある．そこで観念上は別の方向から捉えてみよう．多変数でも1変数のときに倣ってベクトルの「平均変化率」$\partial u/\partial(x, y)$ というものを想定し，$\partial u/\partial x$ は増分の比の極限ではなくこのベクトルの成分から得られるのだと考えることにしたらこんな間違いはしない．この記述は関数の側も1つに限らないで行列表示だと思った方が据わりがいい．

ところで通常の本においてこの記述は，まず関数の側も変数と同じ個数だけ並べてあるときに限られる．さらに行列ではなくその行列式 det だという約束になっている．もちろん行列式は正方行列の死命を制する重要事項ではある．

まず n 個の変数 $x_1, \cdots, x_n$ を想定し，これを並べたものを $\boldsymbol{x}$ と略記する．S 上の0次連続写像 f が **m 次連続**である（f の連続度は m 以上である）という概念を次のように，m について帰納的に定義する．すなわち，$m' < m$ をみたす任意の m' に対して，$S \times S$ 上の m' 次連続写像 $f^1(\boldsymbol{x}, \boldsymbol{y}), f^2(\boldsymbol{x}, \boldsymbol{y}), \cdots, f^n(\boldsymbol{x}, \boldsymbol{y})$ で次の性質をみたすものが存在することをいう（このとき各 f^i を x_i に関する**偏平均変化率**と呼ぶ）：

$$f(\boldsymbol{x}) - f(\boldsymbol{y}) = \sum_{j=1}^{n} f^i(\boldsymbol{x}, \boldsymbol{y})(x_i - y_i) \qquad \cdots (*)$$

$m = n = 1$ のとき，上の定義は1変数の1次連続性の定義における分母を解消した形になっていることに注意しよう．

ところで0次同相埋め込み f はその逆写像を形成する関数がどれも m 次連続であるとき **m 次同相埋め込み**という．

「偏平均変化率」と気安く言うがそれは一通りに決まらないじゃないか，そしてそんな必然性のないものの1つをたまたま見つけるなんてことが実際にできるのか…という指摘はもっともである．

例 9-3

座標方向に置いた長方形において 1 次連続な関数 $f(x_1, x_2)$ に対して $\boldsymbol{x} = (x_1, x_2)$, $\boldsymbol{y} = (y_1, y_2)$ における偏平均変化率は (y_1, x_2) を仲介点にとって

$$f^1(\boldsymbol{x}, \boldsymbol{y}) = \frac{f(x_1, x_2) - f(y_1, x_2)}{x_1 - y_1}$$

$$f^2(\boldsymbol{x}, \boldsymbol{y}) = \frac{f(y_1, x_2) - f(y_1, y_2)}{x_2 - y_2}$$

と定めることが・で・き・る・. 仲介点として (y_1, x_2) の代わりに (x_1, y_2) に置き換えても問題ない.

ところで関数の偏平均変化率は唯一ではないが, 互いの差は関数 0 の偏平均変化率の一つになる. 例えば n が 2 で f が 0 のとき $(f^1(\boldsymbol{x}, \boldsymbol{y}), f^2(\boldsymbol{x}, \boldsymbol{y}))$ は $(0, 0)$ と設定するのが標準的ではあるが $(x_2 - y_2, y_1 - x_1)$ とするのを阻む理由はない.

孤立点のない集合の直積に話を限るといろいろなことが成り立つ (詳しくは姉妹編「納得しない人のための…」参照). m 次連続と U^m 級は一致し, 偏平均変化率の $\boldsymbol{x} = \boldsymbol{y}$ における値は m 次偏導関数になる. 感覚的で雑な言い方をすれば, この性質は定義域を束縛する超曲面がなければ (極端には Cantor 集合の直積上でも) 保証される.

さらに同じ設定で 2 つの変数による偏微分は変数の枠組みを変え・な・い・限りどちらで先に偏微分するかに依存しない. これについては区間の直積のときに限ればある程度簡便な証明ができるが, これには第 13 章における積分の交換原理を用いる.

偏平均変化率や偏導関数の加減乗除に関しては 1 変数版の公式をそのまま翻訳したものが成立つ.

3. 合成（代入）の偏平均変化率・偏微分

通常の教科書における合成の (偏) 微分は結構面倒である. それは 1

変数のときもご多分に洩れない．$\frac{\Delta z}{\Delta x}=\frac{\Delta z}{\Delta y}\cdot\frac{\Delta y}{\Delta x}$ から導き出そうとするのは分母が 0 になるところの処理が面倒である．そしてこの「公式」を字面通り適用するとひどい目に遭う．

$h(s)=f(g(s))$ で与えられる関数 $h=f\circ g$ の偏平均変化率を考えよう．一変数から類推して $\frac{\partial h}{\partial s}=\frac{\partial h}{\partial x}\cdot\frac{\partial x}{\partial s}$ でいいのだったら $\frac{\partial h}{\partial s}=\frac{\partial h}{\partial y}\cdot\frac{\partial y}{\partial s}$ でもいいことになる….

「割り算」という演算があると思って杓子定規に実行しようとするから苦労する．「割り算」は掛けることにより所定の関係をみたすことと捉えられる．そこで $h=f\circ g$ の偏平均変化率 h^i は f や g のを用いて次の式で与えることが${\overset{\bullet}{で}}{\overset{\bullet}{き}}{\overset{\bullet}{る}}$：

$$h^i(s,\ t)=\sum\nolimits_j f^j(g(s),\ g(t))\cdot g^i_j(s,\ t).$$

この等式（偏平均変化率の連鎖公式）は行列で解釈するともっとスッキリする．そのため f^j を j に関してヨコに並べた行列を $\frac{\partial f}{\partial \boldsymbol{x}}$，$g^i_j$ を j に関してタテ，i に関してヨコに並べたものを $\frac{\partial \boldsymbol{x}}{\partial \boldsymbol{s}}$ とする．このとき先ほどの関係式が意味するところは「積 $\frac{\partial f}{\partial \boldsymbol{x}}\cdot\frac{\partial \boldsymbol{x}}{\partial \boldsymbol{s}}$ が h^i をヨコに並べた行列（行ベクトル）$\frac{\partial f}{\partial \boldsymbol{s}}$ に一致する」ということになる．

通常の教科書では偏平均変化率ではなく偏導関数のみを扱うため，$\frac{\partial f}{\partial \boldsymbol{s}}=\frac{\partial f}{\partial \boldsymbol{x}}\cdot\frac{\partial \boldsymbol{x}}{\partial \boldsymbol{s}}$ は $\boldsymbol{s}=\boldsymbol{t}$ のときのみを認知する．しかし写像（関数）に対して入力（変数）をタテに並べることにすると，偏平均変化率の定義は行列表示される．すなわち

$$f(\boldsymbol{x})-f(\boldsymbol{y})=\frac{\partial f}{\partial \boldsymbol{x}}\cdot(\boldsymbol{x}-\boldsymbol{y})$$

$$g(\boldsymbol{s})-g(\boldsymbol{t})=\frac{\partial \boldsymbol{x}}{\partial \boldsymbol{s}}\cdot(\boldsymbol{s}-\boldsymbol{t})$$

である（もっと言えば f の側も関数がいくつかあってこれまたタテに並べるということにすればもっとスッキリするのである）．このうち上の式に $\boldsymbol{x}=\boldsymbol{g}(\boldsymbol{s})$, $\boldsymbol{y}=\boldsymbol{g}(\boldsymbol{t})$ を代入することで偏平均変化率の連鎖公式が自動的に導かれる．$s=t$ のときにのみ突然捻りだされるという性格のものではないのである．

ここで少々懐かしい例をリメイクしてみよう．

例 9-4

$$\frac{d}{dx} x^x$$

1変数の段階では「対数微分」なるウラ技を使うのが定番．その理論背景が x^x を $\exp(x\log x)$ とみなすというものであった．ここでは連鎖公式を利用してみよう．そのため $f(s, t)=s^t$, $s(x)=x$, $t(x)=x$ と定めると

$$\begin{aligned}
\frac{df}{dx} &= \frac{\partial f}{\partial s}\cdot\frac{\partial s}{\partial x} + \frac{\partial f}{\partial t}\cdot\frac{\partial t}{\partial x} \\
&= ts^{t-1}\cdot 1 + \log s \cdot s^t \\
&= x^x(1+\log x).
\end{aligned}$$

「なるほど，これならウラ技も解釈も要らない」と胸をなで下ろすのはいささか皮相的である．すなわち s^t を t に関して偏微分するときは底を e に直すことになる．s に関してはそんなことはないと思うかも知れないが，指数が無理数のときは（偏）平均変化率を有理化することができない．こちらのケースもやはり底を e に書き直すことになるのである．

4. 浅き夢見じ

　この世のあらゆる現象は複雑な要因が絡んでいる．そもそものす̇べ̇てを把握すること自体が無理ともいえる．それを言っちゃぁおしまい…という理由により多変数を扱うことで折れ合うわけだが，何とか1変数的に捉えたいという願望は無視しがたい．

　旧来のストーリーに沿った1変数の微分論では「微分可能」なら自動的に「連続」で，何回でも微分を繰り返せるのが「C^∞級」ということになっている．それなら多変数でも「何回でも偏微分を繰り返せるのが『C^∞級』」といいたくなるが，この規定では満足な結果を得られないから喉元で止める．偏微分を無制限に繰り返せても多変数の意味では連続ですらない．

　まずは準備として$\phi(x)$をC^∞級関数とし，値が$(x-2)^2 \geqq 1$においては0だが2においては0でないものとする．たとえば$(x-2)^2 < 1$において$\phi(x) = e^{1/(x-1)(3-x)}$と定めたとしよう．そこで

例 9-5
$$f(x, y) = \sum_n \phi(4^n x)\phi(4^n y)$$

　Σで記述してあるが各項は値が0だと保証されていない区域が正方形に収まっていて，タテヨコにスキャンする限り互いに干渉することはない．つまりfは1つの変数を固定して見る限り何回でも微分できることが分かる．しかしもちろん$(0, 0)$では値が0だが，その近辺には値が$\phi(2)^2$になる点が密集している．

　「それは斜め方向からの近づき方を考慮していないからだ」と1変数派は考える．しかし$f(x, y)$の各項における因子$\phi(4^n y)$を$\phi(n! y)$に換えると「値0をとらない区域」が曲がった線に沿うようになる．その結果どの直線上も問題の区域が有限個しか通過しないので，何回でも

微分できる．「あらゆる曲線に沿って調べることにしたら…」というのは間違いではないが，「あらゆる曲線」は「あらゆる点」と比較にならないくらい把握しにくいものである．

　解析学にはいろいろと困った例が出現するが，そんな不自然なものは扱っていない…と（内心）思っている人は多かろう．困った例に対してそれをかいくぐるように理屈を付ければ，もっとたちの悪い例が出てくる．そんなイタチごっこを続けても有意義な成果は得られないと分別するしかないのである．

第10章　多変数の微分（続）

前章では多変数関数の微分の骨組みを述べたが，この章ではその応用について述べる．そのほかにも今まで懸案であったことがらにも言及しよう．

1. 繰り返し偏微分と連鎖公式

繰り返し偏微分，合成の公式と役者が出そろったところで，当然その組み合わせが問題になる．その典型となるのが極座標変換に関する2回偏微分，これは力学の常識すなわち慣性系の力学を回転座標系に翻訳する手段である．

ただ常用する人以外がこれを正確に復元するのは一苦労する．そして地球に当てはめようとすれば，異なる軸に関する自転と公転を考慮せねばならない．半端と言えば半端である．かえって一般的な設定で形式的に処理する方が見通しがよい．

そこで f を変数ベクトル $x = (x_1, \cdots, x_n)$ の関数，各 x_i を変数ベクトル $t = (t_1, \cdots, t_n)$ の関数とする．そして f において x_i を t の関数として書いたものを u とし，t の成分から選んだもの2つ s と t を考える（一致を妨げない）．

例 10-1

$$\frac{\partial}{\partial s}\left(\frac{\partial u}{\partial t}\right) = ?$$

第10章 多変数の微分（続）

　ここで連鎖公式の適用場所は2カ所ある．内側が先か外側が先か？そんな具合に気まぐれな運命の結末を無理やり憶えるのは公式そのものを憶えるのと五十歩百歩．手っ取り早い結論を求めず，両方やってみて感触のいい方をさらに進めたらいいのである．仮に内側から先に適用してみると左辺は

$$= \frac{\partial}{\partial s} \sum_i \frac{\partial u}{\partial x_i} \cdot \frac{\partial x_i}{\partial t}$$
$$= \sum_i \left(\frac{\partial u}{\partial x_i} \cdot \frac{\partial}{\partial s}\left(\frac{\partial x_i}{\partial t}\right) + \frac{\partial}{\partial s}\left(\frac{\partial u}{\partial x_i}\right) \cdot \frac{\partial x_i}{\partial t} \right).$$

となり，さらに $\frac{\partial}{\partial s}\left(\frac{\partial u}{\partial x_i}\right)$ の部分は $\sum_j \frac{\partial}{\partial x_j}\left(\frac{\partial u}{\partial x_j}\right) \cdot \frac{\partial x_j}{\partial s}$ と書ける．s と t は同じものであることを期待しないのは当然だが，排除もしない．

　ところで，外側から先に考えても別に構わないのではないかという思いが脳裏をよぎる．

$$= \sum_j \frac{\partial}{\partial x_j}\left(\frac{\partial u}{\partial f}\right) \cdot \frac{\partial x_j}{\partial s}$$
$$= \sum_j \frac{\partial}{\partial x_j}\left(\sum_i \frac{\partial u}{\partial x_i} \frac{\partial x_i}{\partial t} \right) \cdot \frac{\partial x_{i'}}{\partial s}.$$

$\frac{\partial}{\partial x_j}\left(\sum_i \frac{\partial u}{\partial x_i} \frac{\partial x_i}{\partial t}\right)$ の部分に積の微分公式をあてはめる．その結果，何やら気持ちが悪いことになってきている…と感じるのが肝要．「勝ちに不思議の勝ちあり，負けに不思議の負けなし」という至言があるが，失敗の原因を探し当ててこそ復元の力となる．

　気持ち悪さの原因は $\frac{\partial}{\partial x_j}\left(\frac{\partial x_i}{\partial t}\right)$ にある．$\frac{\partial}{\partial t}$ では t の関数，$\frac{\partial}{\partial x_j}$ では x の関数と見ているのだから，すでに t の関数である $\frac{\partial x_i}{\partial t}$ を x_j で偏微分することに無理がある．

　「$\frac{\partial x_i}{\partial t}$ は $\frac{\partial t}{\partial x_i}$ の逆数なんだから…」と強情を張るのはいろいろな意味で問題が多い．まずは小うるさいことだが，t から x への対応が逆

対応をもっているとは言っていない．そして逆対応があったとしても，「$\dfrac{\partial x_i}{\partial t}$ は $\dfrac{\partial t}{\partial x_i}$ の逆数」とやっては致命的，早めに気付けば傷は浅い．

2. 逆写像と偏平均変化率・偏導関数

加減乗除の偏平均変化率・偏導関数は 1 変数のをそのまま流用できるが合成（代入）は要注意．それが偏云々の「偏」たるゆえん，d ではなく ∂ と書くのは転ばぬ先の杖である．それが逆写像とどういう関係があるのかだって？ どこがどう悪いのか，まずは実例から始めよう．

例 10-2

$$x_1 = at_1 + bt_2$$
$$x_2 = ct_1 + dt_2$$

ただし $ad - bc \neq 0$ とする．

これに対して逆写像はというと

$$(ad-bc)t_1 = dx_1 - bx_2$$
$$(ad-bc)t_2 = -cx_1 + ax_2$$

となる．つまり $\dfrac{\partial x_1}{\partial t_1} = a$ であるが $\dfrac{\partial t_1}{\partial x_1}$ は $\dfrac{d}{ad-bc}$ となって，およそ逆数の関係にはない．もちろん「極座標なら正しい」などというはずがない．極座標も局地的には 1 次変換で近似できるのである．

連立方程式論の延長として気づいた人もあろう．$t \to x$ の逆写像 $x \to t$ が与えられたとき，逆写像の偏平均変化率行列 $\dfrac{\partial t}{\partial x}$ としては $\dfrac{\partial x}{\partial t}$ の行列式の値が 0 から十分に離れているときは $\dfrac{\partial x}{\partial t}$ の逆行列になる（ように選べる）のである．もちろん 1 変数のケースに当てはめてみ

ると平均変化率に関するお馴染みの合成公式が出てくる．

特に「陰関数」に関係する写像 $(x, y) \to u = (x, f(x, y))$ が 1 次同相埋め込みであるとき，逆写像の偏導関数のなす行列 $\dfrac{\partial (x, y)}{\partial u}$ は $\dfrac{\partial u}{\partial (x, y)}$ の逆行列で与えられる．さらに $n=1$ であれば 2×2 型となり，逆行列公式は手に届くという読者も多かろう．

＋と×，およびその付随物である－と÷は 1 変数と同じ扱いでいいが，合成（代入）およびその付随物である逆写像では安易な類推を脱して然るべき改訂版に親しむ．これが 1 変数を下敷きにして多変数を扱うこつである．

3. 多変数関数の多項式近似

1 変数のときに関数を多項式で近似するという試みがあったように，多変数でもそういう願望がある．これについて姉妹編「納得しない」では敢えて触れなかったが，普通の教科書に書いてあることを扱わない訳にもいかない．ただ，1 変数のときでも級数展開がすらすらできる関数というとお決まりのものになる．多変数はといっても，そういうものの独立積に毛が生えた程度のものしか想像し難い．

1 変数では区間 I 上の n 次連続関数 f に対して I の点 a を基準として Taylor の定理と呼ばれる等式が成り立つ（第 7 章）．

$$\begin{aligned} f(b) &= \sum_{i=0}^{m-1} (b-a)^i f^{[i]}(a, \cdots, a) \\ &\quad + (b-a)^m f^{[m]}(b, a, \cdots, a) \\ &= \sum_{i=0}^{m-1} (b-a)^i \frac{f^{(i)}(a)}{i!} \\ &\quad + (b-a)^m f^{[m]}(b, a, \cdots, a) \end{aligned}$$

そこで f が多変数でも $g(t) = f(\boldsymbol{a} + t(\boldsymbol{b} - \boldsymbol{a}))$ とおいて

$$g(t) = \sum_{i=0}^{m-1} \frac{t^i g^i(0)}{i!} + t^m g^{[m]}(1, 0, \cdots, 0)$$

を得る．もちろん定義域は凸，関数は m 次連続であることが前提である．ここで主要項を処理するには t に関する微分を繰り返すことになる．1回の微分は連鎖公式により次の関係を導く：

$$g^{(1)}(t) = \sum_k \frac{\partial f}{\partial x_k} \cdot \frac{dx_k}{dt} = \sum_k \frac{\partial f}{\partial x_k} \cdot (b_k - a_k)$$

ここから微分回数を進めていくと $g^{(i)}(t)$ は f の i 回偏微分に $\boldsymbol{a}$ を代入したものの1次結合であり，各 x_k によって e_k 回偏微分した項の係数は $i! \prod_k \frac{(b_k - a_k)^{e_k}}{e_k!}$ である．

ところで誤差項の方も主要項における i に m を適用，また $\boldsymbol{a}$ の代わりに $\boldsymbol{a} + (\boldsymbol{b} - \boldsymbol{a})\theta$ を代入したものに重み $\frac{(1-\theta)^{m-1}}{m}$ をかけて θ に関して積分で表示できる．余談までに通常の教科書では関数の条件が「m 次連続」ではなく「m 回微分可能」となっており，その結果「誤差項」よりも控え目に「剰余項」と表現する．小̇さ̇い̇という保証がないのに誤̇差̇と呼ぶのはさすがに気が引ける．

4．極値問題

　（偏）微分の利用法の定番は一方が前節の級数展開であり，もう一方が本節で扱う極値問題である．極値とは極大値・極小値の総称であり，周りの点におけるより大きい・小さい値を意味する．この「極値」のほか「正」，「単調増加」，「凸」などに見られるように，解析学の主役は不等式である．

　多変数を論じるに当たって，まずは1変数のおさらいから始めよう．十分に高次連続な関数 f が区間の内点 a（端でない点）において極大で

あるためにはまず $f^{(1)}(a)=0$ でなければならない．さらに $f^{(2)}(a)$ まで考慮に入れると次の図式が得られる（もちろん「極大」のところを「極小」に換えると不等号の向きが逆になる）．

$$f^{(2)}(a)<0 \quad \Rightarrow \quad 狭義極大$$
$(*)$
$$\Downarrow$$
$$f^{(2)}(a)\leqq 0 \quad \Leftarrow \quad 広義極大$$

このように不等式には＝つきの「≦」と＝なしの「＜」があり，前者で記述した定義用語は「広義」，後者によるものは「狭義」という接頭語を冠する．ただし基本中の基本である「正」に対してだけは慣習上「広義の正」ではなく「非負」を用いる．

一般に $[A \Rightarrow B]$ の条件部分 A では狭義，結論部分 B では広義の方が適用の可能性が広い．このため一方の問題意識を反映した著作物も多いが，本書では一々この接頭語を付けることにする．

例 10-3

$f(x)=kx^n$ とする．$(*)$ に現れる3つの矢印の逆向きについては，パラメータを調整することでそれぞれに対して反例を得ることができる．

この例からいっても極値を論じるのに盤石な微分回数はない．そして「その回数は関数を見てからでないと決められない」という踏ん張りも徒労に帰す．

例 10-4

$$y = \begin{cases} e^{-1/x}\sin\log x & x>0 \\ 0 & x\leqq 0 \end{cases}$$

1変数の極値問題を思いだしたところで何とか1変数のときと同じ程度の結論，つまり2回偏微分までで分かることを調べよう．そこで内点における議論になるが，この「内点」とは距離が一定以下の点がすべて定義域に属する点をいう．

所定の内点Pにおいて極大であるにはまず偏導関数の値がすべて0にならなければならない．そこで2回目の偏微分が出現する．そこで$P=(0, 0)$として例10-3のnを1から2に多変数化してみよう．

例 10-5

$$f(x) = \sum_i \lambda_i x_i^2.$$

ここに和はすべての番号をわたるものとする．

まずλ_iのうち正のものと負のものが混じっていれば対応する変数軸上でそれぞれ極小・極大となり，多変数的には極大・極小のどちらでもないことが広義の意味でも確定する．逆にすべて非負であれば広義極小，0以下であれば広義極大であることがすぐ分かる．さらにどれも0でなければ「広義」どころか「狭義」になる．実はこの例は2次式の核心部分を突くものなのであるが，そのままで一般的というわけにはいかない．

例 10-6

$$f(x, y) = 2x^2 + 6xy + 4y^2$$

$2(x+3/2y)^2+(4-9/2)y^2$と変形すると例10-6に帰着する．しかしこういう必然性のないものをケース・バイ・ケースで処理するのは結構面倒である．そこで係数を行列表示する方法がある．

すなわち掛ける変数を縦横に配し，対応する箇所に係数を並べた

対称行列を H とする（対角部以外は $1/2$ 倍しておく）．このとき H を直交変換して例 10–5 の形に変形できるのである．このとき $\phi(t)=\prod(t-\lambda_i)$ は H の「固有多項式」になることが分かっている．ただ λ_i をすべて求めるのは骨が折れる．そこで ϕ の係数だけで処理できればそれに越したことはない．

もし λ_i がすべて 0 以下であれば ϕ の係数はどれも非負のはずである．この判断基準で f が広義極大でないと分かることは多い．しかしもちろんそう単純でないケースもある．

例 10-7

$$f(x, y, z) = -(x^2+2y^2+3z^2)+2(xy+xz).$$

	x	y	z
x	-1	1	1
y	1	-2	0
z	1	0	-3

そこで $\phi(t)$ を求めると $\det(tE-H)=t^3+6t^2+9t+1$ となるが…，それなら極大なのか？ 一般的に対称行列の固有値は実数だと分かっているが，ϕ は非負の解をもてない．結局 λ_i がすべて同符号かどうかは次のように判定できる．極小性については係数の交代性に呼応して同様の関係が成立する．

(∗) 　$\phi(t)$ の係数がすべて正　⇒　狭義極大
　　　　　　　　　　　　　⇓
　　$\phi(t)$ の係数がすべて非負　⇐　広義極大

上段のように具体的な関数から定性的な性質を導くには等号のない不等式が好ましく，下段のように定性的な性質から関数についての束縛を知るには等号付きが好都合である．

必要十分条件となると「導関数が非負 ⇔ 広義単調増加」がある．

「導関数が正 ⇒ 狭義単調増加」は一方通行である．

さて一般の2次連続関数では H は当該点における2回偏導関数を $1/2$ 倍したものがなす行列を表す．それ故に H の固有値がすべて非負かつどれかが 0 であるときは微妙である．また直線方向での推移を見るだけでの判断はもちろん禁物である．

例 10-8

$$f(x, y) = (y - x^2)(y - 4x^2).$$

5. 「正則関数」と偏微分

以前「正則性」を級数によって導入した（第7章）が，正則関数列の極限が正則だとは保証できない（第8章，例 8-4）．これを保証するには実数の世界から脱して複素数の世界で捉え直す必要があるのだが，この規定を見る限り両者の違いは見えてこない．そこで複素数で考える必然性の感じられる定義に乗り換えよう．慣例に沿って変数を z，関数を $w = f(z)$ と表すことにする．

正則性とはいわば複素世界における1次連続性である．すなわち複素変数の複素関数として次の等式をみたす0次連続な関数(行列) $\dfrac{\partial f}{\partial z}$ をもつことである：

$$f(z_1) - f(z_2) = \frac{\partial f}{\partial z} \cdot (z_1 - z_2).$$

ここで実関数的に捉えるため変数を $z = x + yi$，関数を $w(x, y) = u(x, y) + v(x, y)i$ と実部，虚部に分解することにしてみよう．このとき通常の定義域において上の等式は次の関係（Cauchy-Riemann の

等式）が $z_1 = z_2$ において成立することと同値である：

$$\frac{\partial u}{\partial x} = \frac{\partial v}{\partial y}$$

$$\frac{\partial u}{\partial y} = -\frac{\partial v}{\partial x}.$$

以前に述べた「正則」はこちらの立場では「実正則」と呼ばれ，実変数に対して実数値をとる正則関数の実変数への適用を意味する．「極限」を用いて規定された実変数の実数値関数が実正則かどうかを判定するのは生やさしくない（例 8-4 参照）．

第11章　原始関数（不定積分）

　この章以降で扱うことがらは何らかの意味で「積分」の名で呼ばれる対象である．積分には2つの顔がある．一方は定積分に代表されるように丸いものや変化する重みをもつものを測りたいというニーズに呼応するものであり，もう一方はこれを実現するための手段となる原始関数（またの名を不定積分）である．そして本章と次章はこの「原始関数」について論じる．

　原始関数を求める（積分する）とは導関数を求めることの逆操作であり，導関数の間の等式は関数の構成要件である加法・乗法・合成の3つに帰着する．したがって等式による原始関数の公式は，加法（および定数倍）・部分積分・置換積分に尽き，積 $f \cdot g$ や合成 $f \circ g$ にはない．それどころかどんな初等関数でもその原始関数が初等関数の範囲に収まるというわけではない．

　それでもかなりのケースに対して原始関数を求める方法は工夫されている．その多くは有理式（すなわち多項式の比）の原始関数を求める問題に還元される．

　さてこの基幹的な「有理式の原始関数」も全貌をきっちり把握するのはかなり骨の折れる作業になる．本書では複素数を横目に見ながら構造的に論じる．一方で原始関数にまつわる「不可能」について少し詳しめに解説することにする．

1. 置換積分…対数関数と指数関数

　大学で長年，微積分を教えていると典型的なタイプの原始関数を教

えることになる．では「典型的」とは何かといえば，要するに教える側に馴染みがあるということに過ぎない．聞く側には「こういうものがありますよ」というセールスマン・トークを思わせる．親身になってニーズに向き合っているのかと怒る客の気持ちもよく分かる．しかし，誰がどうできるものでもない．

　等式で表される積分公式は微分公式の裏返しであり，満足いくものは和と定数倍しかない．残りは2つあり，いずれも与えられた積分を他の積分にすり替えるという性格のものである．またその大部分が「置換積分」の方である．

$$F = \int f(\phi(x))\phi'(x)dx = \int f(u)du$$

典型例から始めよう．

例 11-1

$$F = \int \frac{1}{x((\log x)^3 \pm \log x)}dx$$

このように有理式 $f(u)$ における u に $\log x$ を代入したあと $\frac{1}{x}$ 倍したものは $f(u)$ そのものの積分に変換される．有理式の積分は後で述べるように，log や arctan を動員して解ける．何食わぬ顔で分母に隠れている因子 x が曲者，これが $\log x$ を変数にするときの鍵である．

　要するに置換積分は葱を背負った鴨にしか通用しない．もっとも背中に葱はないがよくよく見れば葱畑に迷い込んだ鴨だったというような例もある．

例 11-2

$$F = \int \frac{x+1}{x(1+xe^x)^2}dx$$

実はこの積分は尋常な方法では求められまいと思って作ったものを，もっと意地悪に改造した…つもりであった．そこである若い先生にどうだと見せたところ，「これは大変そうですね．できるとしたら…，普通に $u = xe^x$ とおいて」と自然流にあっさり解かれてしまった．

中核部分に狙いを定めて新たな変数と見立てると，かけてあった因子が $\phi'(x)$ とうまくコラボして新しい変数に馴染んでいることがあるという例である．

あまり深入りするほどでもないが，そういう名もないものに向き合うことで充実した力がつくであろう．こういう面妖な関数では見立て作戦でうまくいくことがある．もちろん無作為に試みるとうまくいかないことの方が多いが，そのときは諦めてもらうしかない．

例 11-3

$$F = \int \frac{1}{e^{3x} \pm e^x} dx$$

もちろん $u = e^x$ とおく．その結果 $x = \log u$，$\dfrac{dx}{du} = \dfrac{1}{u}$ となって有理式の積分にすり替わる．この変数変換では $\phi'(t)$ が新しい変数に溶け込んでいる．指数関数がいくつかあってもその指数部分が一斉に整数比であるときは同様に処理できる．

対数関数を変数にするときは葱付きの鴨でなければ扱えないのに対して，指数関数では葱なしでいける．その素直さがうれしい．両者の運命を分けた原因は対数が積分そのものであり，こちらが元来の関数だからだ…というのが著者の持論である．もちろん，対数関数のときでも，$f(u)$ をただの有理式ではなく多項式に限ればうまくいく．一般論として加減乗・までなら分配法則のもと，部分積分の守備範囲になる．

2. 置換積分…その他の常套手段

三角関数は複素的には 1 つの指数関数から加減乗除でできており，例 11-3 のバリエーション…といってしまうのもすげないので実数界で解説しよう．

例 11-4

$$F = \int \frac{1}{\sin\theta + \cos^3\theta} \, d\theta$$

sin と cos のみから加減乗除でできている関数はうまく処理できる．ところで tan は両者の比だから扱えるし，また三角関数の角度が互いに整数比になっているものは翻訳可能である．ただ $\sin\theta$ と $\sin(\pi\theta)$ は共存できないし，むき出しの角度 θ そのものも混入禁止である．

蛇足までにこういったケースも加減乗・までなら分配法則のもと，部分積分の守備範囲に収まる．

前置きが長くなった．$t = \tan\dfrac{\theta}{2}$ を新しい変数にすると

$$\sin\theta = \frac{2t}{1+t^2}$$

$$\cos\theta = \frac{1-t^2}{1+t^2}$$

$$\frac{d\theta}{dt} = \frac{2}{1+t^2}$$

となり有理式の積分に還元される．

例 11-5

$$F = \int (x+1)\left(\frac{2x+1}{x-3}\right)^{\frac{2}{3}} dx$$

このように巾根の中が 1 次式の比であれば素直に巾根自体を変数に仕立て直す．$\frac{dx}{dt}$ も t の有理式で表されるところがミソである．比の代りに積では通用しない．

他に同じ有理式の 5 乗根が混じっていたら…15 乗根に着目すればよい．しかし異なる式の巾根が混じっているとお手上げである．指数関数・三角関数や対数関数の時と違って共通の巾根の他に x そのものが混じっていてもよいことは注目に値する．

3. 置換積分…2 次式の $\sqrt{}$

まじめで意欲のある高校生が $\frac{1}{\sqrt{x^2+1}}$ の原始関数を知ろうとすると，その結論が $\log(x+\sqrt{x^2+1})$ であることを見つけて驚愕する．必要なのは $\sqrt{x^2+1}$ だけのように見えるのだが，この議論では x と $\sqrt{x^2+1}$ から加減乗除で構成される関数一般の扱いになる．

2 次式の $\sqrt{}$ は複素的には例 11–5 の手法でけりがついているが，実数の世界に留まろうとすると独特の戦術に頼ることになる．2 次方程式の解法でおなじみの平方完成により変形すると $\sqrt{}$ の中は $c(x^2-D)$ と考えてもいい．

D c	+	−
+		
−		

この表の左の列 $(D>0)$ では $D=\alpha^2$ と置くことで 1 次式÷1 次式の $\sqrt{}$ というケースに帰着する．

$$\sqrt{c(x^2-D)} = |x+\alpha|\sqrt{c\frac{x-\alpha}{x+\alpha}}$$

また，上の行は何と以下のテクニックで解決するのである．

$$u = x \pm \sqrt{x^2 - D}$$
$$x = \frac{u^2 + D}{2u}$$
$$\sqrt{x^2 - D} = \pm \frac{u^2 - D}{2u}$$
$$\frac{dx}{du} = \frac{u^2 - D}{2u^2}$$

こんな巧妙なことを思いつけというのかとぼやきたくなるのはよく分かる．何世紀にもわたる俊英たちの悪戦苦闘の結果がかくも事も無げに書いてあると思えばそれなりの対策が立つ．

日常的に使用する人や試験など手っ取り早さが要求される人はこれを使う．ただ後者の場合，ここまで憶えておけというのは少々荷が重い．著者なら変数変換を指定された上で実践できたらよしとする．

要するにブラックボックスに頼るのかとぼやきは止まらない．そこで歴史の試行錯誤を何とか浮かび上がらせてみたくなる．左の列は解決済みなのでせめて右上，$D<0$ のケースくらいは説明しよう．

まずは $D = -\alpha^2$ として x と $\sqrt{x^2 - D}$ の関係を眺めると両者の平方の差が D であることに気づく．平方の和の関係なら $\sin$ と $\cos$ があるが，差は少し工夫が要る．$x = \dfrac{-\alpha}{\tan \theta}$ これが打開の鍵となる．

$$x = \frac{-\alpha}{\tan \theta}$$
$$\sqrt{x^2 + \alpha^2} = \frac{\mp \alpha}{\sin \theta}$$
$$\frac{dx}{d\theta} = \frac{-\alpha}{\sin^2 \theta}$$

ここから $\sin$ と $\cos$ の常套手段 $t = \tan \dfrac{\theta}{2}$ を適用するとうまくいく．通しで見ると

$$\alpha t = x \pm \sqrt{x^2 - D}$$

となるが，そんなことなら初めから $u = x \pm \sqrt{x^2 - D}$ にしておけば D の正負も関係ない…．昔の人はこんなことを考えていたのではないかと

いう気がしてくる．

待ってくれ，$x=\alpha\tan\theta$ のほうがすんなりとしているだろうという声も上がってこよう．もちろんそれでもよく，通しでは

$$u = -\frac{\alpha}{x} \pm \sqrt{\left(\frac{\alpha}{x}\right)^2 + 1}$$

となって有理式化できる．x をいったん $\frac{\alpha}{x}$ に変えてから先ほどの変形をしたことに当たる．

その他，多少の心得がある人は $\frac{x}{\alpha}$ を

$$\sinh\xi = \frac{e^\xi - e^{-\xi}}{2}$$

と見立てて指数関数化しても同様の結論に到達する．

ところで「表の右下欄についてはどの本にも書いてない」と気づいた人には「いいことに気づきましたね」と拍手を送る．ただ，書いてはいないが支障がない．この謎には是非とも自分で解決を見いだして欲しいものである．

4. 有理式の原始関数

いろいろやってきたが結局，有理式 $f(x)$ の積分に行き着く．手始めとして，分母が単一の 1 次式の巾乗であるケースを考える．積分を知るには似た関数を導関数にもちそうな関数を見つけるのが手っ取り早い．

例 11-6

$$\sum \frac{c_{\alpha,e}}{(x-\alpha)^e}. \qquad (*)$$

これを微分すると $-e\sum \dfrac{c_{\alpha,e}}{(x-\alpha)^{e+1}}$ であるが，逆に読めば下側の式を積分すると上側の式になるのである．ただこれを $e=0$ の項に適用しても情報価値がない．そのケースは積分定数を省略すると次のようになる：

$$\int \sum \frac{c_\alpha}{x-\alpha} dx = \sum c_\alpha \log(x-\alpha).$$

log の中は絶対値じゃないかと杓子定規に構えないで欲しい．原始関数は両端の値を入れて差をとることになるので，積分定数の一部として log の中に繰り込むと決めておけば問題は生じない．

次に分母がいくつかの1次式を巾乗したものの積 $\prod(x-\alpha_k)^{e_k}$ であるケースを考える．このとき k ごとに $y_k = \dfrac{1}{x-\alpha_k}$ とおき多項式 ψ, ϕ_k を然るべく見つけると，次のように部分分数表示できる：

$$f(x) = \psi(x) + \sum \phi_k(y_k)$$
$$\phi_k(0) = 0$$
…(A)

まずこの表示は実現しても一通りになる（このことはのちのちまで重要な意味をもってくる）．端的にはこの表示が関数 0 を意味するには ψ, ϕ_k がすべて 0 でなければならない．仮に ϕ_k のどれかが 0 でなければ $x-\alpha_k$ を y_k の次数個だけかけると $x=\alpha_k$ が代入できるようになり，その結果は 0 でない数となる．また ϕ_k がすべて 0 であれば ψ が 0 でない限り，f は多項式として 0 にはならない．

そこで (A) を得るには ψ は f の分子を分母で割った余りにとることになる．$f-\psi$ では分子が分母より低次になるはずだからである．その視点からいうと k を決めたとき，f において変数を y_k に統一したものを $f_k(y_k)$ とおけば ϕ_k は f_k の分子を分母で割った余りから定数項を引いたものにならざるを得ない．もちろん，それでつじつまが合っているかどうかは読者自身，確認していただきたい．

ここで視点を変えてみよう．$f_k - \phi_k$ は y_k に関して分子が分母より低次である．すなわちこの式を x で書き直したとき，分母の因子とし

て $x-\alpha_k$ はもはや含まれていない．このことに注目し，k を 1 つずつ解消していくことで (A) を得ることができる．そこでふと我に返ってみれば，こうやって苦労の末に求めた最後の ϕ_k も結局は先述の通りのものでしかあり得ないのである．

5. 複素数を使うウラ技

　前節のケースはうまく積分できるので，ここでは有理式の分母を 1 次式の積で表すという夢にこだわった方法を紹介する．

　多項式を 1 次式の積に分解するには方程式の解を確定しなければならないが，2 次方程式の段階ですでに見えるように解は実数の範囲に留まるわけではない．そして複素数の範囲でいっても一般的にはかなり面倒である．ただ解析的な意味において解は重複を込めて次数と同じ個数だけ複素数の範囲に確定する．いわゆる「代数学の基本定理」である．

　それでもともと実係数であった有理式 f を乱暴にも (A) と表すと，その唯一性からして複素共役(きょうやく)に関して不変である．そこで実数解に対応する部分はそのまま積分すればいい．

　問題は虚数解の方にある．ただ実係数の多項式の虚数解 α はその複素共役 α' と対になって同じ重複度で現れる．その結果 $\dfrac{c_e}{(x-\alpha)^e}$ の部分も共役部分は係数が c_e の複素共役 $\overline{c_e}$ となり，$\dfrac{c_e}{(x-\alpha)^e}+\dfrac{\overline{c_e}}{(x-\alpha')^e}$ は通分して整理することにより実係数の有理式 g_e になる．

　ではこの g_e の積分はどうなるか？　もちろん e が 1 のときだけは例外扱いするしかない．複素数を成分表示して実数世界で表すと

$$\frac{p+qi}{x-\sigma-\tau i}+\frac{p-qi}{x-\sigma+\tau i}=2p\frac{x-\sigma}{(x-\sigma)^2+\tau^2}-\frac{2q\tau}{(x-\sigma)^2+\tau^2}$$

となり（もちろん i は虚数単位とする），直接積分することで次の結果を得る：

$$p\log((x-\sigma)^2+\tau^2)-2q\arctan\frac{x-\sigma}{\tau} \qquad \cdots(\text{B})$$

残りは e が 1 でないとき（それが大部分）であるが，結果は…そう，次の式を実数の範囲に書き直したものである．

$$\frac{-c_e}{(e-1)(x-\alpha)^{e-1}}+\frac{-c'_e}{(e-1)(x-\alpha')^{e-1}}$$

計算は煩雑だが一本道である．通分して分母を 2 次式の巾乗に書き換えた後は分子を 2 項展開し，実係数に整理する．これを形式的に積分する前にするか，後でするかで生じる結果が同じになる．結果を信じて突き進む．幸運を祈る．

複素数を使うなんて…という反発があろう．しかし冷静に見れば複素数は根拠にはしていない．フクソスウなる記述様式を用いただけである．取り入れようと思う人にとっては物事がうまく運ぶ説明になるが，拒否する人にとってはなぜか妙に正しい結論を導くおまじないである．

というあたりで $e=1$ のケースを再度注目しよう．$\frac{c}{x-\alpha}+\frac{c'}{x-\alpha'}$ の積分は実数に執着すれば（B）であるが複素数により標語的に表せば

$$c\log(x-\alpha)+c'\log(x-\alpha')$$

となる．複素対数表示で見通しがよくなることを（当面は半信半疑でもいいから）見ておこう．

第12章　原始関数の見つけ方

　前章では有理式の積分とそれを背景にして置換積分を論じた．この章は初等関数の積分が再び初等関数になるとはどういうことかという点にスポットを当てる．とはいうものの置換積分とくれば，もう一方の手法である部分積分についても全く語らないというわけにもいくまい．

1. 部分積分も少々

　基本的な関数を加減乗で組み合わせたものは分配法則で単項化すると部分積分の出番になることがかなりある．

例 12-1

$$\text{i)} \int \sqrt{x} \log x \, dx \qquad \text{ii)} \int \sqrt{x} \, e^x \, dx$$

　前者は求められるが後者はうまくいかない．本書の趣旨では困難の元である関数を扱い易い変数に置き換えるのだが，後者ではその結果がうまくない．前者の主役は $\log x$，その他「逆三角関数」arc*** も積分の生成物なのでこういう関数を微分するようにもっていくのがコツである．特に log ではこんなウラ技も可能である．

例 12-2

$$\int x^\lambda (\log x)^n dx \quad (n は自然数で \lambda は実数とする)$$

 $(\log x)^n$ の方は微分すると $\dfrac{n(\log x)^{n-1}}{x}$ となり，log の次数が 1 つ減る．そこに注目し，x^λ の側を積分して $\dfrac{x^{\lambda+1}}{\lambda+1}$ とする．こうやっていって log が消えてしまえば後は単純，λ は無理数でもよい．もっとも λ が -1 のときはこの議論は通用しないが，$(\log x)^n$ の微分結果を見れば，ズバリ答が書いてあることに気づく．

 log の代わりに「逆三角関数」だと，$n \geqq 2$ のときはうまくいかない．これらの関数は複素解釈したときに 2 つの log の 1 次結合（重み付きの和）になるので，$n \geqq 2$ では異なる log をかけあわせた項が生じる（例 12-4 参照）．

 本書では対数関数や「逆三角関数」など積分そのものとして表される関数を基準にしているが，現実にはそれらの逆関数になる指数関数や三角関数で記述したものも部分積分の話にはよく出てくる（加減乗までにとどめるので tan は顔を出さない）．その類の技巧は多くの書で扱われており，そういうもので匠の技を堪能して頂きたい．

 ところで前章で有理式の積分を論じるに当たり，分母を因数分解した．しかし現実に実係数の多項式が与えられたとき，その分母が 0 になる値を（すべて）求めるのは実際的ではない．それどころか方程式が 5 次以上になると根号による一般解法が存在しないことさえ判明している．

 また 2 つの解が異様に近くなってくると，両者が一致するのか異なる実数なのかはたまた共役な複素数なのかという定性的な区別は困難になってくる．そしてこの定性的区別は有理式の積分公式に反映してくる．

 こういった現象について，著者は結論を出そうという気にはならな

い．当面の問題に関して必要なのは分母が十分に 0 から遠くなる有界区間において「要求された出力精度を担保する入力精度」を実現する術である．それゆえ厳密には虚数解であろうとも，2 つの実数解だとして求めた公式に変形ができる．それどころか複素数の目で見ると，そもそも係数が厳密に実数であるという前提自体が脆弱に映る．その意味でいうと虚数解なのに何食わぬ顔で

$$c\log(x-\alpha)+c'\log(x-\alpha')$$

と受け流すのはなかなかの知恵といえよう．

よく似た例に $\dfrac{\theta}{\sin\theta}$ の $x\to 0$ における極限がある．これは通常，「極限値 1 が彷彿として現れる」と思うことになっている．しかしどうも「極限値 1」は予め人為的に，そうなるべきお膳立てが設えてあったように見える．

ところで $\sin x$ を変数に取り直すと $\dfrac{\arcsin x}{x}$ なので

$$\theta = \int_{t=0}^{t=x} \frac{1}{\sqrt{1-t^2}}\,dt$$

と積分で表され，代入により極限値が得られる．$\theta = 0$ の近辺での振る舞いを見るにはこの方が滑らかであり，$\theta = 0$ から離れたところでは arcsin なり sin なりに一元化すると便利だということに尽きる．

2. log の無理性，超越性

解析学の解析学たるゆえんは「関数」の「微積分」を論じるところであるが，冒頭に述べたように「微分」の逆操作，原始関数を簡便に求める一般的方法は存在しない．それがこの章のテーマである．

関数に対する「微分」は $+\times$ に次いで第 3 の基本操作という扱いを受け，これについて論じるときは予め $+$, $\times$ の「逆演算」である $-$, $\div$ の他にこれらをいくつも組み合わせた対象である「有理式」を用いた

方程式の解となる関数すなわち代数関数を作る操作を基礎的操作として承認しておく．

こういった操作を下敷きとして微分を行い，ここで微分の逆操作としての「積分」を考える．その結果，一般的には基礎操作の範囲からは逸脱する．そのうち最も単純なものとして次の例を挙げよう．

例 12-3

> $\sum c_\alpha \log(x-\alpha)$ は全係数が 0 でない限り有理式では表せない．それどころか代数的な式でも表せない．（c_α は定数）

一般論として基本的な関数に基本的な数を代入したものはその程度に基本的であるが，逆に基本的な数を代入した結果が常に基本的な数になるからといって基本的な関数であるとはいえない．それ故に「有理＊＊ではない」という結論は数よりも関数に対する方が結論しやすい．

それを踏まえた上でこの例の前段の陳述であるが，これはいろいろな方法で確認できる．すでに述べたように log と有理式の $x\to\infty$ におけるふるまい（大小関係）によっても確認できる．しかし対象を唯一に規定するのは大小関係ではなく，等式である．

それでは log と有理式をつなぐ等式はどこにあるか？鍵は $\dfrac{d}{dx}\log x = \dfrac{1}{x}$ にある．仮に $\sum c_\alpha \log(x-\alpha)$ が有理式であれば，前章で有理式の積分の時に使った部分分数表示（A）をした上で微分してみると，「1乗分の1」の項が一切ないことが容易に分かる（こんなところにも複素数を利用した方式の利便性がみてとれる）．

さて $y=\sum c_\alpha \log(x-\alpha)$ は係数がすべて 0 でない限り，有理式のみならず代数関数でも表せない．言い換えれば**超越関数**である．すなわち次の等式をみたす有理式 $f_k(x)$ はすべてが 0 のものに限る．

$$\sum_{k=0}^{n} f_k(x) y^k = 0 \qquad (\mathrm{I})$$

有理式で表せないと分かれば代数的かどうかなんてどうでもいいと思う読者もあろうが，この点が次のステップへの足がかりになるのである．ここでは簡単のため n が最小になるように，また $f_n(x)$ を 1 にとっておくことにする．

ここで(Ⅰ)を微分して

$$\sum_{k=1}^{n} f_k(x) k y^{k-1} \sum \frac{c_\alpha}{x-\alpha} = \sum_{k=0}^{n-1} -f'_k(x) y^k \qquad (\mathrm{I}')$$

を得る．ところで $n\,(\neq 0)$ の最小性によりこれは自明な関係である，すなわち y に関する多項式とみたとき係数ごとに一致する．特に次の関係を得る．

$$n \sum \frac{c_\alpha}{x-\alpha} + f'_{n-1}(x) = 0.$$

すなわち有理式 $f_{n-1}(x)$ は $-n\sum c_\alpha \log(x-\alpha)$ （積分定数を略）でなければならないが，それは後者の無理性に矛盾する．

3. 初等関数から逸脱する積分

初等関数を微分すると初等関数になるが積分するとその保証はない．

例 12-4

$$\int \frac{\log(x+1)}{x} dx = ?$$

ちなみに $\log x \cdot \log(x+1)$ を微分してみると $\dfrac{\log(x+1)}{x}+\dfrac{\log x}{x+1}$ となり，似たような片割れの項も出現する．両者の和なら積分は簡単だが，各々にはいろいろ工夫してみても結局はうまい原始関数は見つからない．

まずは $y=\log(x+1)$ とおき，積分の候補として定数 c_k と x, y の有理式 f_k, g により

$$z=\sum_{k=0}^{n} c_k \log f_k + g \qquad \cdots (*)$$

と表される関数を想定しよう．簡単のため f_k は多項式にとってあるとしておいてもよい．ここで g において x をパラメータとみなし，y の有理式として「分子÷分母」を実行する．そのときの商(当然 y に関しては多項式)を h とする．

ここで y が x に関して代数的に表せないことに注目して，$(*)$ を x に関して微分してみよう．その結果，右辺では Σ 部分や $g-h$ は微分すると分母の方が分子より y に関する次数が高い．それゆえ微分したとき左辺側の $\dfrac{y}{x}$ に等しくするにはまず「h は y に関して2次以下かつ2次の係数は x に無関係」となる必要がある．さもないと微分しても2次以上の項が残ってしまう．

そこで $h=py^2+Q(x)y+R(x)$ としてみよう．その結果 y の係数を比較すると $\dfrac{1}{x}=\dfrac{2p}{x+1}+Q'$ となる．そのような Q が有理式であり得ないことは例 12-3 で見た通りである．そういう次第で例 12-4 は x と $\log x$ の有理式で表すことは，$(*)$ の形ではできないことが分かる．

4. Liouville の定理

藪から棒に $(*)$ と言い出されても，初等関数の世界はもっと広い．

第12章 原始関数の見つけ方

一見必要に見えない $\sqrt{}$ や指数関数が潜んだ関数のうちになら原始関数がとれるかも知れない…という懸念が残る．

そこで「初等関数」とは何ぞやということになるが，その入り口として「微分環」という概念が必要になる．後者は加減乗除の他に「微分」に関して閉じた (つまりそういう操作をしてもそこから逸脱しない) 体系のことである．そこで初等関数は変数 x から始めて次の3つの操作でできた関数を追加することを繰り返してできる微分環の要素のことである．

ⅰ) 既知関数から代数的にできるもの

ⅱ) 既知関数を log に代入したもの

ⅲ) 既知関数を exp に代入したもの．

ということは初等関数の範囲には (*) よりももっと広汎な関数が潜んでいることになる．ところで Liouville は初等関数の積分が再び初等関数であるための条件を決定している．それは次の形のものに限るというのである．

$$z = \sum_{k=0}^{n} c_k \log f_k + g \qquad (\mathrm{I\!I})$$

あれれ (*) と同じだと思うのも無理はない．違いは f_k, g の意味するところである．Liouville の定理におけるこういった関数は被積分関数が与えられた段階での既知関数を有理式に代入したもので表されるというのである．

この定理によれば x と $y = \log(x+1)$ に関する有理式の全体は微分環をなすので，$\dfrac{y}{x}$ の原始関数が再び初等関数になるには (*) の形のものを調べればよいということが分かるのである．

Liouville の定理が活躍するものには有名なところでは確率・統計の花形である正規分布に出てくる $\exp(ax^2)$，他にも $\dfrac{\exp x}{x}$ や $\dfrac{\sin x}{x}$ などがある．しかしこれまた有名な楕円積分のような「代数関数の積分」は被積分関数を独立変数扱いできないので別な趣向が要る．

5. Liouville の定理を実行する

いろいろな対処法を紹介してきたが，通常のマニュアルから外れるように，あんまり複雑すぎない関数を密かに作ってから微分してみた．

例 12-5

$$F = \int \frac{x(x-1)}{(e^x+x)^2} dx$$

まず x は $y=e^x$ に対して代数的には表せないので，逆に y も x に対して代数的には表せない．そして x と y の有理式の全体は加減乗除と微分に関して閉じている．そこでこの例の被積分関数がここに属していることに注目しよう．

さて作っておいた関数を隠してしまうと，それを導関数から復元するなどということはひどく手強い．もっとも読者の内には前章の例 11-3 に倣って e^x+x ではなく $z=xe^{-x}$ としてこれを中心に考えるという人もいるかも知れない．

これでもって e^x と書いてあるところをすべて $\frac{x}{z}$ に置き換え，z を変数（x はパラメータ）とみなして部分分数表示し，分数部だけ変数を z に置き換えると…確かに解ける．「なるほど，そんな手もあるのか．」と感心するが，増えたうんちくは大海の一滴に過ぎない．

そこで Liouville の定理が登場する．これによると，この積分が初等関数だとすると次の形になるはずである．

$$F = \sum_{k=0} c_k \log f_k + g.$$

ここに c_k は定数であり，変数 x と $y=e^x$ に関して見たとき，f_k は多項式で g は有理式である．また log 部分は y の多項式として既約分

解してあるものとする．特に $\log y$ は x と変形して g に繰り込んでおく．

このとき $\log$ の部分は微分したとき $\dfrac{f'_k}{f_k}$ となり（分子が f_k で割り切れないので），分母に 1 乗の形で確定する．g の分母においては y が因子にあれば微分してもしなくても y なので分母に同じ次数で残る．それ以外の因子は f_k のときと同様に 2 乗以上分母に残る．

このことから形はかなり決まってくる．まず $\log$ の中身は各々，$y+x$ 以外は x のみの有理式でなければならず，これらを集計したものを L とする．また g では分子が分母より y に関して次数が低いので，x のみの有理式 p, q を用いて $p+\dfrac{q}{y+x}$ となることが分かる．

$$F = L + c\log(y+x) + g$$

そこで $L+p=P$ とおき F を微分すると

$$\frac{x(x-1)}{(y+x)^2} = P' + \frac{c(y+1)}{y+x} + \frac{q'}{y+x} - q\cdot\frac{y+1}{(y+x)^2}$$

となり，さらに P' が x のみの有理式なので

$$x(x-1) = q\cdot(x-1),$$
$$c(1-x) + q' - q = 0,$$
$$0 = P' + c$$

を得る．ここから順に $q=x$, $c=-1$, $P=x$（積分定数を省略）となって，密かに用意していた F をついに探し当てられてしまった．

$$F = x - \log(y+x) + \frac{x}{y+x}.$$

「密かに用意していたとはいうが実はこの定理を念頭に置いて作った例ではないのか」というのは鋭い指摘である．さりながら「微分した結果が元のよりも何やら単純な素材からできているときは $\log$（実数

界でいう逆三角関数も含む）を使っている」とはいろいろな関数を微分していれば痛感することである．そして，そこを明文化して確立したLiouvilleにはやっぱり脱帽するほかあるまい．

第13章　度量と積分

　前章では積分を計算するための手段となる原始関数について，その限界を紹介した．この章ではそれを使う目的，すなわち集合の**度量**（**広さ**）とその上の積分について論じる．そしてこれを論じるには大局的な見通しに立って根本的に論じることになる．それゆえに前置きが長くなるのを我慢して頂きたい．また，理論的骨組みについては多くを姉妹編である「納得しない人のための…」に委ねる．

　まず，非負値関数 f の積分は $0 \leq y \leq f$ が表す部分の（f の定義域より1次元高い）度量と捉えられる．すなわち根本である「度量」をどう捉えるかが正念場，言い換えれば「度量」を土台にして繰り広げられる「積分」について把握しておく必要がある．

　関数の「積分」という名称から想定されるものは定義上まず2つに分かれる．まず，第一義的な意味での「積分」は R^n の有界部分集合 S 上の0次連続関数に対してのみ規定される．残りは有界とは限らない部分集合の上で値が有界とは限らず，また全体を見ると結構変動が激しい箇所があるかも知れない関数を扱うことになる．こういうものは前者と区別して「広義積分」と呼ばれることが多い．

　さらに R^n の有界部分集合 S を n 次元で測る「（全次元の）度量」とそれより低い次元の集合と見立てた「#次元の度量」がある（#が1, 2, 3のときは通常 n に関係なくそれぞれ「長さ」，「面積」，「体積」と呼ばれている）．

	第一義	広義
全次元		
#次元		

 さてこれだけのことを見渡した上でどの欄にも共通して盛り込むべき等式をスローガンとして掲げよう．一言でいえば「素朴な感覚を裏切らない」ということである．

1. 度量は向き・配置方法に依存しない
2. 直積の度量は度量の積である
3. 断面が連続的に変化する集合の断面では度量は連続的に変化する
4. 座標方向の断面が連続的に変化すると集合の度量は断面の度量の積分である

1. 度量（広さ）

 さて「度量」の根本は「**全次元の度量（広さ）**」にある．これは一言でいえば与えられた集合 S を n 次元の矩形（$n=1,2,3$ のときはそれぞれ線分，長方形，直方体）で覆ったときに要した度量 $|S|$，すなわち各矩形の辺長の積を集計した値の下限である．

 ここで「覆う」についての解釈は現時点では 2 通りに分かれる．本書で採用するものは「有限個」，他方は「可算無限個」で覆うものである．

 後者の方式は 20 世紀以降を風靡したが，全次元の広義積分でも正しい結論を導く結構普通の計算が枠外に置かれている．また第 15 章で扱う#次元の度量に関しては「滑らかな」面にしか定義がなされない．本書の目的は結果的に正しい普通の計算を保証する整合した体系を提供することにある．

例 13-1

ⅰ) 閉区間 $[0, 1]$
ⅱ) $[0, 1]$ に属する有理数全体
ⅲ) $[0, 1]$ に属する無理数全体

どれも $[0, 1]$ で覆われるので度量は 1 以下である．またどれも長さの和が 1 より小さい有限個の区間で覆うと覆いきれていない点が生じてしまう．この 2 つの事実からこれらの度量 (長さ) は 1 に等しい．ちなみに通常の教科書では ⅱ) や ⅲ) に度量を認めない．被覆されるべき対象である集合は中が詰まっていないというのが理由である．

ところで「可算無限和」を採用する方式では ⅱ) の集合は「可算無限個」の点で覆われるので，度量 (この方式では測度という) は 0, ⅲ) のは ⅰ) から度量 0 の集合を除いたものなので度量は 1 と考える．

本書では実数というものは許容精度の範囲においてしか語ることができないものだと考え，それで済むように議論する．実数というものはその程度にしか捉えられない．

「実数からなる任意の有界集合でも度量が確定する」というドグマを振り回すことはどの方式でもしない．「実数からなるいかなる集合も度量が確定する」というこの素朴な発想は機能的で安心な世界観を実現していない．本書ではそもそも任意の実数が所定の集合に属するか否かを峻別できるという立場に立つことを逡巡する．

例 13-2

$$\{(x, y) \mid x^2 \leqq y \leqq x\}$$

この集合の度量を論じるに当たって「そもそも値が存在するのか」などと大層な議論を振り回すまでもない．この集合を覆えばどうしても

1/6 以上必要であるし，この値より少しでも大きい値になら覆うことができる．すなわち度量は 1/6 に等しい．

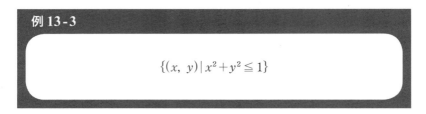

例 13-3

$$\{(x, y) \mid x^2 + y^2 \leqq 1\}$$

この集合の度量は π であるが，それは何かと問われれば，たとえば「代数関数の原始関数である $\arcsin x$ の $x = 1$ における値を 2 倍したものである」と返事できる．$\arcsin x$ が代数的な関数で表せないことは前章で述べた $\log$ が代数的でないことと同じくらいに直接的にも確認できる．

一方でその特殊値である $\arcsin 1$ の無理性・超越性はポピュラーな話題であり，近年ではネットで見つけることもできる（それぞれに応じて技巧的になる）．もちろん π と与えられた有理数との大小は要求精度に応じて判定できる．

2. 度量の基本的な性質

基本的な性質の第 1 は集合の和の度量である．一般的に合併の度量は度量の和「以下」である．「以上」を保証する設定の基本は 2 つの集合 A と B に対して予め定められていた正数 d により A の元 a と B の元 b の距離がどれも d 以上になるときである．しかし次のような例では少々のレトリックを要する．

例 13-4

$$A = [-1,\ 0],\quad B = (0,\ 1]$$

正の距離がとれないではないかという声は正当である．そこで $B_n = \left[\dfrac{1}{n},\ 1\right]$ とおくとこれらの合併集合は度量が $\dfrac{2-1}{n}$ 以上であることが分かり，n について総合することで A と B のでも 2 以上であると結論できる．

例 13-1 の ii) と iii) は合わせると i) になり勘定が合わないではないかという意見もあろう．しかし前節で述べたように，すべての集合に度量を認めてかつ相補的な集合に度量の加法性を要求するのはないも・・・のねだりといえよう．そもそも有理数かどうかを任意の実数に対して・・・・確実に判定できる方法は見あたらない．

基本的な性質のもう一つは直積である．直積の例としては長方形や柱体を想像してもらいたい．前者の度量は長さの積，後者のは底面の面積に高さをかけて得られる．R^3 まででこれくらいしか素直な例を挙げられない．

しかし抽象的には R^m の有界部分集合 A と R^n の有界部分集合 B の直積

$$A \times B = \{(a,\ b) \mid a \in A,\ b \in B\}$$

が考えられ，その度量は A，B の度量がそれぞれ α，β 以下であるときは $\alpha\beta$ 以下，α，β 以上であるときは $\alpha\beta$ 以上である．「長方形の面積や直方体の体積を長さの積とするなら当然成り立つべきこと・・」と思うのは健全な感覚である．証明は姉妹編「納得しない…」に譲る．

ところで「度量」に加算無限加法を組み込むべきであると思う人は精進潔斎してまずは集合論，さらにルベーグ積分を勉強しなければならない．そこでは「それぞれの度量（測度）が α，β 以上であるとき直積の

は $\alpha\beta$ 以上である」の確認に本書の流儀を遙かに超える労力をつぎ込むことになる．

ついでにいえば加算無限加法を組み込んだ上で，全次元でない度量同士の積が直積の度量を示すことを一般的に保証した理論は誕生していない．もっとも日常的空間は直積に分解すると因子の一方が1次元となり，ここでの尋常な度量は1次元か0次元のものに限られる．

3. 積分とその基本性質

積分の基本は $\boldsymbol{R}^n$ の有界部分集合 S 上で定義された非負値の0次連続関数 f に適用される．f の S 上の**積分**は次の集合すなわち**懸垂域**（姉妹編では「グラフ」）の $n+1$ 次元の度量である：

$$\{(\boldsymbol{x}, y) \mid x \in S,\ 0 \leq y \leq f(\boldsymbol{x})\}.$$

さて本書では積分を $\int_S f(\boldsymbol{x})d\boldsymbol{x}$ と表すことにする．これは通常の書では $\iint_S f(\boldsymbol{x})dx_1 dx_2$ のように表記されている．しかしこの表記は概念上は異なる $\int \left(\int f(\boldsymbol{x})dx_1 \right) dx_2$ との混同に拍車をかける（冒頭のスローガンの3を参照）．

度量を論じたい集合の多く，たとえば例 13-2 はもちろん，（$\sqrt{}$ を用いれば）例 13-3 も積分で直接的に表される．

今どの $\boldsymbol{x}$ に対しても $a \leq f(\boldsymbol{x}) \leq b$ が成立し S の度量 $|S|$ が与えられたとする．このとき直積の原理からこの集合の度量は $a|S|$ 以上 $b|S|$ 以下であることが分かる．また f が0次連続であることに注目して定義域を細分すると，例 13-3 により度量をどのような精度にでも近似できることが分かる．

例 13-5

$$f(x) = \sum_{n=0}^{\infty} \frac{c_n x^n}{(n!)!}.$$

ただし c_n は 0 または 1 を値にとるものとする.

何を隠そう，以前取り上げた例 8-7 である．…これを $[0,1]$ において積分するとどうなるか？ それは x^n を $\frac{1}{n+1}$ に置き換えたものになる．その値を所定の精度で絞り込むことができるか？ それには与えられた「関数」の値を所定の精度に絞り込んでおくことが要請される．同じ問題点は定数関数 $f(1)$ を積分したとしても生じる．

もし c_n が「決定不能」でも関数値があるというなら，それに応じて積分値があることになる．「決定不能」なものの存否は話題にのせる者に帰する課題であり，それに返答する者が負うべきではあるまい．もちろん証明に用いる者はそれに責任を持つ，数学を標榜する以上は避けられない．

ところで関数の方でなく S が 2 つの集合 S_1, S_2 で覆われ，$|S|=|S_1|+|S_2|$ であるとき次の等式が得られる：

$$\int_S f(\boldsymbol{x})d\boldsymbol{x} = \int_{S_1} f(\boldsymbol{x})d\boldsymbol{x} + \int_{S_2} f(\boldsymbol{x})d\boldsymbol{x}.$$

さて積分は定義域の分割のみならず，0 次連続関数の和に対しても値の和で呼応する．その程度のことは「当然成り立つべき」どころか，「保証できない」ようでは「積分」の名に値しない．

「積分」の守備範囲には負値もとる 0 次連続関数 f も含めねばならない．これは正値のものの差 $f_1 - f_2$ として表されるので，両者の積分の差として規定される．手っ取り早くは f_1 として f の上界の 1 つを選べばよい．この際 f_1, f_2 の選び方は積分の差に影響しないことが非負値のケースでの加法原理により保証されるのである．

4. 微分積分学の基本定理

　積分値を求める最有力手段が「微分積分学の基本定理」である．曰く，「閉区間 $[a, b]$ 上の 0 次連続関数 f の積分値は f の原始関数 F を用いて $F(b)-F(a)$ と表される」．それによって原始関数についての種々の公式，部分積分・置換積分などが援用される．これらは科学技術に携わる人にとって不可欠な手段である．

　さてこの定理の最も単純なケース「0 の原始関数は定数である…（＊）」はさらに本源的な意味合いを帯びる．ちょうど力学における第 2 法則（運動法則）に対する第 1 法則（慣性の法則）を思い起こさせる．

　さて（＊）についての従前の姿勢はかなり重い課題を顕在化させる．まずは例示しよう．

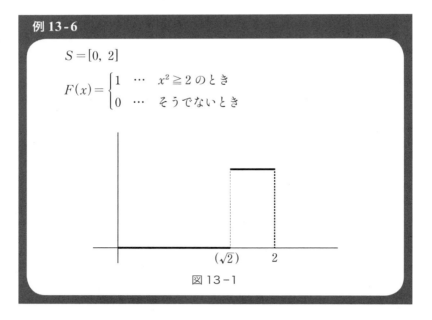

　この関数は $\sqrt{2}$ においてそもそも不連続だが，その他の点においては微分可能である．しかし…，$x^2=2$ をみたす数の存在を認識するまではこの関数を記述はできるものの，不連続な点が見つからない．$\sqrt{2}$

を認定すれば不連続点は顕在化するが，それでもこの種の数・関数は際限なく出現する．結局そういう数すべてを予め用意しておかねばならない．「数」とは何か，「そういう」とは何かは判然としない．

そこで数学は 19 C から 20 C にかかる頃「実数」を「列」の所産とし，「数直線にはありとあらゆる実数が予めひしめいている」と宣言した．そしてその根拠を当時出現した「集合論」に託することになったのである．

従前の考え方は「各点連続」に立脚しているが，結局はここから「一様連続」に帰着させることになる．そしてそのためには「完備」な数直線上の閉区間を要求することになるのである．本来必要なのは「一様連続」であって，それを「各点連続」から導くのは便法に過ぎない．

ところでこの「すべての実数」からなる「完備」な数直線というモデルが発案された頃，物理学では相対性理論が出現した．その結果，光という非常に高速な波を伝播する異様に硬く流体にして透明かつ質量も粘性も 0 であるという「エーテル」が真空中にも滲み込んでいる…という悪夢から解放されることになった．原素の周期律の発見から半世紀近い頃のことである．

さて本書(および姉妹編「納得しない…」)の基本は「0 次連続」，すなわち有界集合上の「一様連続」にあって，「完備」な数直線を必要としていない．例 13-6 は定義域において 0 次連続でないまでのことであり，$\sqrt{2}$ という数の存否をこの時点でことさら深刻に捉えて論じるまでもないのである．

第14章　稀薄なものの大きさ

　曲線や曲面の大きさを測るとき，それを容れている（平面や）空間の基準である全次元の度量で測ると0となって不本意なことになるのが常である．そこでまずは旧来的な捉え方が，こういった対象の然るべき「大きさ」を調べた道筋を追体験してみよう．

1. 曲線の長さ

　ここでいう**曲線**とは閉区間から R^n への0次連続写像であって，その像は**軌跡**という．曲線はスタート地点からむこうの小山のふもとまでの経過に該当し，道路そのものに当たるのは軌跡である．

　曲線 $C:[a,b] \to R^n$ が与えられたとする．ここで $[a,b]$ に（必ずしも均等ではなく）分点を配置し，$a = x_0 < x_1 < \cdots < x_m = b$ とする．このとき隣接する分点の像の間の距離を順次たし合わせた値 Σ を考える．Σ は隣接する分点の間に新たな分点を追加することで増加する（もしくは不変）．そこでこの値に上限があればそれを C の**長さ**という．

　しかし例えば像が区間 I であってこの区間を1往復半すると，長さは I の通常の意味での3倍になる．それどころか円運動でも巻き付いた回数だけ重複して数えることになる．そこで通常はJordan曲線（すなわち0次同相埋め込みであるもの）やJordan閉曲線（大ざっぱにいうとJordan曲線の両端を閉じたもの）を扱う．

　ところで「上限があれば」とは気持ちの悪い表現であるが致し方な

い．平面上で線分 L 上に中心をもつ同心円を n 番目の半径が $1/n$ になるように無限個とる．これらを L で分断し，できた半円を順次回りながら中心に向かって L 上を進んだとする．このとき，極限まで込めると曲線ができる．しかしこの曲線の長さは有界にならない．

もっと極端には，容れている空間の基準でいっても度量が正値をとることさえあるのだが，それは第 16 章で扱うことにしよう．まずは定番の例から．

例 14-1

$$C:[0,2\pi]\to \boldsymbol{R}^2$$
$$C(\theta)=(c\cos\theta,\ c\sin\theta)$$

角度を等分して…というのは「長さ」が認定されていることを前提としており，認定できるか否かから考えるには不等分な状態も考慮しなければならない．こんな基本的な曲線でも長さを厳密に論じると結構難儀することになる．それは難儀する根本的理由があるからであり，そこに目をつぶって無理やり既存の流儀で押し通すのは野暮というものである．

2. 1 次連続なケース

対象を閉区間からの 1 次連続写像に絞ると計算できる例が続出する．先ほどの例も下に挙げる方法を区分的に使って

$$\int_{[0,2\pi]} c\sqrt{\sin^2\theta+\cos^2\theta}\,d\theta,$$

つまり $2\pi c$ であることが分かる．一番厳格には $y=\pm\sqrt{c^2-x^2}$ と置き，例えば $[0,c/\sqrt{2}]$ において求めると円周の $1/8$ 倍になる．$[-c,c]$ にし

た方が見栄えはいいが，それは極限の議論を必要とする．

以下この節では一般に区間 $[a, b]$ を固定する．そのときここでの 1 次連続写像 $t \to (x_1, x_2, \cdots, x_3)$ の長さ l は次の公式で得られる．

$$l = \int_{[a,b]} \sqrt{\sum_i (x_i')^2}\, dt.$$

ところで曲線の定番に $x \to (x, y)$ がある．このとき被積分関数は $\sqrt{1+(y')^2}$ となる．

例 14-2

$$y = \frac{x^2}{c}.$$

このケースの被積分関数は $\sqrt{1+\dfrac{4x^2}{c^2}}$ となり，その原始関数には log が必要になる．時代を先取りした天才アルキメデスは放物線と直線で囲まれる区域の面積を求めているが，その弧長を求めるには至っていない．この時代に log を認識するには，直角双曲線と直線で囲まれる区域の面積がもつ数理に遭遇するしかなかったであろう．

例 14-3

i) $r = c\theta$ ii) $r = ce^{\theta/k}$.

一般にこのような極座標表示では一旦直交座標に書き直し，長さを積分表示してから極座標に置換積分して次式を得る．

$$l = \int \sqrt{r^2 + \left(\frac{dr}{d\theta}\right)^2}\, d\theta.$$

　この例においてⅰ)，通称アルキメデスの螺旋の長さは奇しくも放物線のときと本質的に同じ関数の積分に帰着している．

　ところで身近に見られるアルキメデス螺旋は蚊取り線香くらいのもの，自然界に圧倒的に出現するのはⅱ)，通称対数螺旋の方である．こちらは置換積分したときの被積分関数が指数関数で与えられる．例えば貝は体の大きさに比例して貝殻を拡充していくので，貝殻は次の規則性で大きくなる．

$$\frac{dr}{d\theta} = \frac{r}{k}.$$

つまりこの微分方程式が理由で自己相似な曲線ができあがる．因みに(cはその貝の大きさを表し，)kはその貝の種に固有の形を決定する．

例 14-4

$$x = c \int_{[0,T]} \cos t^2\, dt$$
$$y = c \int_{[0,T]} \sin t^2\, dt.$$

　見かけは大げさだがtが0からTまでの行程は長さが$c\int 1\, dt$すなわちcTである．この曲線は$T \to \infty$と$T \to -\infty$の双方で渦を巻いているが自己交叉せず極限点の座標も気持ちよい値が得られている…，等々の面白い性質があるが，ここでは話題提供に留める．

　この曲線(クロソイド)は道路設計に用いられるようになって身近な存在になっている．一般に人が歩くための道に要求されるのは連続性，自転車では鋭角に戻ることができないなどの理由で道には滑らかさ(微分に関する条件)が要求される．

さて直線と円弧で接続すると，自転車はクリアーするが自動車には不十分である．一瞬にしてハンドル位置を変えねばならないからである．たまにそれに近い設計のマイナーな交差点があるが，非常に気持ち悪い．これが高速道路になると危険に直結する．そこでは接続にクロソイドが用いられている．それは一定速で運転したときハンドル位置が時刻の 1 次式に従うようにという配慮である．

3. 凸関数がなす曲線

この節の題を解説するついでに，区間上の関数についての性質をいくつか紹介しておく．まず復習になるが，平均変化率が 0 次連続になる関数が 1 次連続，1 次連続になる関数が 2 次連続…である．

同様の仕組みで，平均変化率が非負（正値）である関数が広義（狭義）単調増加であり，広義（狭義）単調増加になる関数を広義（狭義）凸（トツ）であるという．ついでに平均変化率が有界であることを **Lipschitz 条件**という．凸関数は定義域の両側を少しでも削ると 0 次連続になることが分かる．

本音を言うと閉区間 $[a, b]$ 上の 0 次連続な凸関数 f に対して曲線 $x \to (x, f(x))$ は有限の長さをもつ．もし f が 1 次連続なら $\sqrt{1+(f')^2}$ を積分すればいいのだが，そうでないときも巧妙な作戦がある．

例 14-5

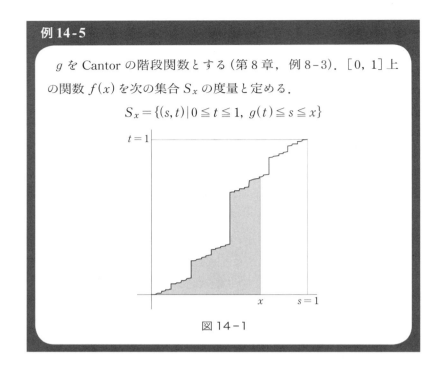

　g を Cantor の階段関数とする (第 8 章, 例 8-3). $[0, 1]$ 上の関数 $f(x)$ を次の集合 S_x の度量と定める.
$$S_x = \{(s,t) \mid 0 \leq t \leq 1,\ g(t) \leq s \leq x\}$$

図 14-1

　まず f が 0 次連続な凸関数であることを確認してもらいたい. そこで

$$l = l(1)$$
$$l(x) = \int_{[0,x]} \sqrt{1+(f')^2}\, dt$$

というのがホンネであるが, 建前上そうは書けない. ホンネついでにいえば f は g の「逆関数の原始関数」なのである. それを上のような巧妙な技法を再度使って

$$T_x = \{(s,t) \mid 1 \leq t \leq \sqrt{2},\ g(\sqrt{t^2-1}) \leq s \leq x\}$$

とする. l はこの集合の度量が表す関数の積分なのである. 詳細については次章に譲る.

第14章 稀薄なものの大きさ

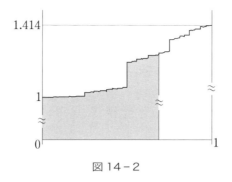

図 14−2

「本音とホンネを使い分けるのか？」という不思議な疑問が聞こえてきそうである．「ホンネ」は思っていることを素直に吐露した発言であり，「本音」はこれに現時点で通り相場の理屈を付けたもの…，としておこう．

4. 柱体の側面積 … Schwarz の提灯

曲線の長さが1次連続とは限らない設定で考えられるなら，曲面の面積もそうしたくなるのが人情である．曲面は長方形（あるいは円板など）から R^n への0次連続写像である．ホンネを言えば「面積」を次のように規定したくなる．

> 正方形を3角形に細分して各3角形の頂点の像がなす3角形の面積を総和したものの極限値をこの曲面の面積という．……(??)

第 14 章　稀薄なものの大きさ

例 14-6

円柱の側面を縦に $2m$ 等分する．またその高さを n 等分し，各層に上記の等分線との交点を 1 つおきに配置する．このとき隣接する層では配置した点がずれているように設定する（**Schwarz の提灯**）．

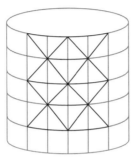

図 14-3

　各層における隣り合わせの頂点と，その中間に位置する隣接層の点の 1 つからなる 3 角形を作る．こういった上向き，下向き mn 個ずつの 3 角形の面積の総和は m と n をそれぞれ限りなく大きくすると，円柱の側面積に限りなく近づく…，だろうか？

　3 角形の面積の総和をきっちり記述して極限を求めることはもちろんできるが，これは読者有志に任せよう．細部に拘った計算よりも要点を抽出する方が目的に適っているということがよくある．ではこの例の目的は何か？

　円柱の側面積についてのお馴染みの結論を一例を以て追体験するのなら，頂点をずらさず上下通した方が手間がかからない．そんな誰でも発想する桂剥きをあえて外したのは魂胆あってのことなのである．

　ここでの目的とは（??）の真偽を解明することである．この一見もっともな（??）を何とか証明を試みたがその努力が報われないので，もしかするとこれは偽なのではないかと疑った．その末に桂剥きとは

対照的に木目込みを試してみようということになったのであろう．

木目込みを実践するため，あえて底面方向への射影に着目しよう．各3角形の底面方向の面積 Δ は次のようになる．

$$\Delta = \frac{c^2}{2} \cdot \left(2\sin\frac{\pi}{m} - \sin\frac{2\pi}{m}\right)$$
$$= 2c^2 \sin\frac{\pi}{m} \sin^2\frac{\pi}{2m}$$

図 14-4

これを $2mn$ 枚集めて極限をとるのだが，n を m^2 にとっておくと極限値は $\pi^3 c^2$ になる．それどころか m^3 にとっておくと限りなく大きくなり，期待される「$2\pi c \times$ 高さ」を底面方向だけでも超えてしまうのである．

曲面の面積を定義する試みはいくつかあるが，試みという扱いで留めているのが実情である．せめて柱体の側面積くらいは気持ちよく「底の周×高さ」と言って欲しいが，それを保証するものさえ2つしか知らない．その気難しさがこの例に顕れている．

5. 蛇足

1次連続とは限らない曲面の面積は20世紀来の数学が未消化な話題である．曰く「1次元と2次元は違う」，…さすがに傍目には手前勝手である．また曰く「本来は長さも1次連続なものに限るべきである」，…概念の記述に不要なまま付けた条件の必然性が説明できない．

本書の企画は「理系への数学」（「現代数学」の前身）2001年2月号か

ら12回の連載に発している．この連載を終えた時点では曲面の扱いは旧来のものから脱皮できておらず，ご意見番のH長老にそう呟いた⋯．「そうだよねぇ，長さは分かるのに面積は本当に難しい」．「先生，面積が分からないのに長さが分かっているって言うの，やめませんか」．長老は肩を落とされた．

　分からぬときはとぼとぼ歩み⋯，サウイフモノデワタシハアリタイ．

第15章　相対次元の度量

　曲線や曲面の広さを規定するにはいくつかの方式が試みられているが，どれも全次元の広さに比べると一手間多い．端的には長さを表すパラメータ1つ分だけは追加したものになっている．これは曲線・曲面の広さが全次元の広さに比べていささか副次的な存在であることに起因するものと推察される．

　さてこういった候補の中でも，柱体の側面積でさえ「底の周×高さ」と保証するものは著者の知る限り2つしかない．さらに第13章で挙げたスローガン，特に「直積の度量は度量の積である」までみたすものは1つしかない．

　本章と次章はその唯一，Minkowski Content について述べる．詳しい理論は例によって姉妹編「納得しない人のための…」を参照して頂きたい．またこの章で「累次積分」や「広義積分」など後の章に出てくる内容を先取りすることになる．ただしそれは全次元の対象に関するものだけなので，論理構成上の齟齬はない．

　R^n における度量は第一義的には全次元的に測るのが自然であろう．それでは日常的空間にある曲面の面積はどのように捉えるべきか？そこで R^n の有界部分集合 S が与えられたとき，これに1つのパラメータ r を持ち込んで何らかの集合を作り，その（全次元）の度量を考えるとする．どのような集合を考えるべきか？

　例えば金メッキをすれば一定時間に付着する金の量は面積に比例するであろう（もちろん金があんまり分厚くついてくると話は変わってくる）．となると基板から一定の距離の範囲にある点の集合が焦点になる．

第15章 相対次元の度量

1. 長さ・面積から「相対次元の広さ」へ

まず R^n の有界部分集合 S と正数 r に対して，S のどれかの点からの距離が r 以下である点の集合を S の r **近傍**といい，$U(r, S)$ と表す．

例 15-1

$n=3$ とし，S をサイズ $a \times b$ の長方形，S' をサイズ a の線分とする．

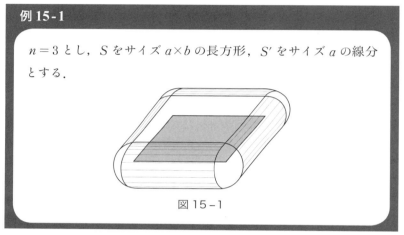

図 15-1

このとき $U(r, S)$，$U(r, S')$ の全次元的な度量はそれぞれ $2rab + \pi r^2 (a+b) + \dfrac{4\pi r^3}{3}$，$\pi r^2 a + \dfrac{4\pi r^3}{3}$ である．ここから日常感覚でいうそれぞれの面積 ab，長さ a を捻りだしたい．そのため前者では $2r$，後者では πr^2 で割って $r \to 0$ における極限を求めればいいことが分かる．

ところで同じくサイズ a の線分でも平面上では r 近傍の度量が $2ra + \pi r^2$ となり，$2r$ で割った極限 a が長さに一致する．

まっすぐなものが無事に解釈できたところで，いよいよ丸いものに挑戦してみよう．

例 15-2

$n=2$，S を半径 a の円周とする．

さて r が a 以下であれば $U(r, S)$ の度量は $\pi((a+r)^2-(a-r)^2) = 4\pi ar$ であり，S の 1 次元の度量は $2\pi a$ であることが分かる．円については全次元の概念である「面積」を長さよりも先行させるのが無理のない考え方であろう．

例 15-3

> $n=3$ とし，S を半径 a，高さ h の円柱の側面とする．

さて上の考察によると，r が a 以下であれば $U(r, S)$ の度量は $4\pi arh$ 以上，$4\pi ar(h+2r)$ 以下である．このことから S の 2 次元の度量は $2\pi ah$ であることが分かる．これにより前章で取り上げた Schwarz の提灯の呪縛からとりあえず解放される．

ここまでの例から，S の然るべき度量はそれを容れている空間の次元より 1 次元低く測るときは $2r$，2 次元低く測るときは πr^2 で各々，$U(r, S)$ の度量 $v(r, S)$ を割り $r \to 0$ での極限をとるのが作戦だと見て取れる．それでは 3 次元低いときはどうするか？ そう考えたとき次の最も根源的な例に辿り着く．

例 15-4

> S を 1 点からなる集合とする．

2 次元においては πr^2 を πr^2 で，1 次元においては $2r$ を $2r$ で割ることになる．つまり割る係数は不足分の次元の球(半径 r)の度量である．

問 半径 a の球面の 2 次元の度量(面積)はどのように算出できるか？

もう少し厳かに述べよう．まず n を非負整数，S を $\mathbf{R}^n$ の有界部分集合とする．また r を正数，p を n 以下の非負実数とし，$q=n-p$ を p の**余次元**と称する．

このとき S の r 近傍の度量 $v(U(r, S))$ を $c_q r^q$ で割った値を $v^p(r, S)$ と表す．ここに c は添字次元の単位球の体積，すなわち $\dfrac{\pi^{\frac{q}{2}}}{\frac{q}{2}!}$ を表す．$\dfrac{q}{2}!$ は q が偶数のときには階乗，奇数のときには $\pi^{\frac{1}{2}} \cdot \dfrac{1}{2} \cdot \dfrac{3}{2} \cdots \dfrac{q}{2}$ を表す．

ちなみに $x!$ は一般的には階乗の拡張値
$$\Gamma(x+1) = \int_{t\to 0}^{t\to\infty} t^x e^{-t} dt$$
を意味する．

さて「任意の正数 ε に対して正数 r_0 をうまくとると，r_0 より小さい任意の正数 r に対して次の不等式をみたす」とき $v^p(S) \leq A$ と表す．
$$v^p(r, S) \leq A + \varepsilon.$$
また同じ設定で次の不等式をみたすとき $v^p(S) \geq A$ と表す．
$$v^p(r, S) \leq A - \varepsilon.$$
さらに両方をみたすとき A を S の **p 次元の度量**（総称は**相対次元**の度量，**Minkowski Content**）という．

2. 折れ線の近傍

このように Minkowski Content がいくつかの基本的な例（件の Schwarz の提灯を含む）に対して有効であることを確認した．もっと一般的に処理するには r 近傍の基本的なことを押さえておく必要がある．すなわち S の r 近傍の度量は r に関して連続的に変化するのか，それどころか S の度量が認定されていてもその r 近傍の度量は認定されるのかという本源的な問もある．

第15章 相対次元の度量

こういう話題を扱うには S をもっと処理しやすい集合で近似する必要がある．そこで無理やり作った近似列における特性を極限状態に伝播するために，連続性ではなくもっと強い凸性に着目する．ただこういう話題はここで扱うには荷が重いので，姉妹編に委ねることにする．

例 15-5

S を $\boldsymbol{R}^n$ にある長さ l の折れ線とするとき，S の r 近傍の度量 $v(r, S) = v(U(r, S))$ は次の不等式をみたす．
$$v(r, S) \leqq c_{n-1} r^{n-1} l + c_n r^n.$$

長さが分かっていればもう十分ではないかという声も聞こえてくる．しかし折れ線の背後にはこれによって近似される曲線がある．さてこの不等式を保証するため，$U(r, S)$ を覆ってみよう．

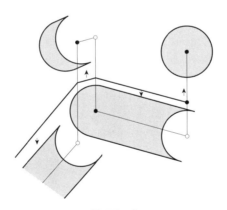

図 15-2

それには折れ線の片端 P に r 近傍をとり，次はそれに接続する線分の r 近傍から P の r 近傍を除外したものをとり，以下このような操作を続けていく．その結果，各線分に対するものは線分方向の奥行きが常にこの線分の長さになるので所定の評価式を得る．

第15章 相対次元の度量

例 15-6

f を $X = [0, 1]^2$ から $\mathbf{R}^n$ への 0 次連続写像とする．今 X が各座標に関して細分されており，それによって生じる各長方形において f の成分が 1 次関数で表されているものとする．このとき f の像 S の r 近傍の度量 $v(r, S)$ は次の不等式をみたす．
$$v(r, S) \leqq c_{n-2} r^{n-2} v^2(S) + \frac{c_{n-1} r^{n-1} l}{2} + c_n r^n.$$
ここに l は X の周の像の長さとする．

例 15-5 に倣って $U(r, S)$ を覆いたい．まず $[0, 1]^2$ の第 1 成分を半開区間に (端の点を 1 つ残して) 分割し，$[0, 1]^2$ もこれに則って分割する．

そこで被覆要員の皮切りに，残った点を第 1 座標とする線分の像の r 近傍をとる．残る被覆要員は X の各分割要員の像の r 近傍から区間が閉じていない側にある折れ線の r 近傍を除外したものをとる．

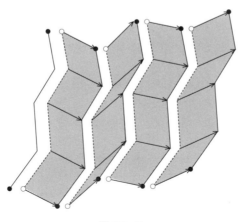

図 15-3

その結果，例外要員はまさに例 15-5 の適用を受ける．残りの各々

では折れ線側にない線分方向の奥行きが常にこの線分の長さになる．そこでこの方向に正射影すると折れ線の r 近傍が得られる．

これらのことを総合して所期の評価式を得る．

3.「長さ」とのすり合わせ

さて曲線には「長さ」と「1次元の度量」が共存することになるが，両者の関係はどうなっているか？

> **例 15-7**
>
> S を曲線 C の軌跡とする．このとき S の 1 次元の度量は C の長さ l 以下である．さらに C が 0 次同相埋め込みであれば l に等しい．

許容誤差 ε が設定されたとき，正数 r_0 を

$$c_n r_0 (1+r_0)^n \leq \frac{c_{n-1}\varepsilon}{2}$$

となるように定め，r_0 より小さい正数 r を考える．このとき C を長さ $l + \frac{c_n}{c_{n-1}} r_0$ 以下の折れ線 S' で近似することにより，対応点間の距離が r^2 以下になるようにする．

その結果，

$$\begin{aligned}
v(r, S) &\leq v(r+r^2, S') \\
&\leq c_{n-1}\left(l + \frac{c_n}{c_{n-1}} r_0\right)(r+r^2)^{n-1} \\
&\quad + c_n (r+r^2)^n \\
&\leq c_{n-1} r^{n-1} (1+r_0)^n \left(l + \frac{2c_n}{c_{n-1}} r_0\right).
\end{aligned}$$

となり，前段の結論を得る．

後段については一般に C の始点と終点の間の折れ線の長さが S の1次元の度量以下であることを示せばよい．そしてこれは線分のケースに帰着する．こちらについては比較すべき r 近傍を線分に直交する方向の超平面で切った断面の度量の大小関係により結論できる．

要するに曲線については旧来のものと整合していたことになる．曲面については旧来方式で定着しているのは1次連続写像に尽きる．簡単のため1次連続関数 $F(x,y)$ の表す曲面を考えると，その度量 M は次の公式で表される．

$$M = \int_D \sqrt{1+F_x^2+F_y^2}\, d(x,y)$$

比較のため空間曲線 $(x, y(x), z(x))$ の長さのものと並べてみよう．

$$l = \int_{[a,b]} \sqrt{1+y'^2+z'^2}\, dx$$

公式を復元するには「曲」として真っ直ぐなもの，平面 $z=ax+by+c$ や直線 $y=a_1x+b_1,\ z=a_2x+b_2$ のときにどうなるか考え，その後に係数の意味を偏微分で解釈すればよい．なおこの両公式を結ぶ一貫性やパラメータ表示に関する公式については姉妹編を参照頂きたい．

ところでせっかく0次連続の世界で曲面の度量を宣言したのだから例 14-7 を発展させた例を考えよう．

例 15-8

f, g を $I=[0,1]$ 上の非負値の単調増加関数（0次連続性は敢えて要求しない）とし，F, G をそれぞれ f, g を $[0, x]$ 上に制限したときの懸垂域の度量とする．このとき曲面 $z = F(x)+G(y)$ の面積（2次元の度量）M は次の式で与えられる．

$$M = \int_{I \times I} \sqrt{1+f(x)^2+g(y)^2}\, d(x,y)$$

第15章 相対次元の度量

　アドバルーンを高々とは上げたが，一気に攻めるのは大変である．この曲面の面積を調べるには許容誤差 ε に対して r_0 をうまくとり，それより小さい正数 r に対して x, y それぞれの区間に分点を取る．さらに区切られた長方形ごとに角の点における z の値をもとに平行四辺形近似して例 15–6 を適用する．

　この手順を例 15–7 と同様に進めて所期の結論を得るのだが，詳しくは読者に任せる．

　ところで 0 次同相埋め込み曲面の像 S に対して「$v^2(r, S)$ が有界であれば，これを任意の要求誤差の範囲に絞るように r を 0 の近傍に絞れる」のかどうか，著者は知らない．

　また 1 次元の度量が有限確定値をもつのは曲がりなりにも「曲線」を彷彿させる集合かという問には，とりあえず否と返答しておこう．これには旧来十分手当てされていなかった直積と度量の積の関係が重要になる．

　1 次元の度量に直積が影響する？…という次第で次章はトワイライト・ゾーン，異次元の旅へ．

第16章　*直積と次元の魔*

　場当たりを排してものごとが組織的に扱えるようにしていくと，素朴な想像が覆ってしまうことがある．そうしてできた体系の不自由さを解消しようとすると，これまた定説が覆るケースが出現する．

　旧来の微積分は「各点連続」,「各点収束」を基本とし，その延長線と見立てて「加算無限加法」を取り込む．一方で本書は「一様性」に立脚し，Minkowski Content を導入して直積原理を正当化した．それに当たって「加算無限加法」は不要というより障害となる．また Minkowski Content により多くの基本的な例が素直に処理できるようになったことは前章で見た通りである．

1. 直積の度量の片鱗

　集合の「度量」を考えるとき，直積に対してそれが値の積であって欲しいと思うのはまっとうな感覚である．そしてこれを無条件に保証するのが本書が採用しているもの, Minkowski Content である．ただ，以前から述べているように3次元の空間で出せる例は限られる．

例 16-1

$n=2, n'=1$ とし, $S'=\{0\}$, S を半径 a の半円周とする．

　r を a 以下の正数とし, $U(r, S \times S')$ の度量を求めたい．S からの

距離が r 以下となる $\mathbf{R}^2$ の点 x を固定して，これによる $\mathbf{R}^1$ 側の断面の度量（線分の長さ）を求める．x から S への距離を s とすると，この度量は $2\sqrt{r^2-s^2}$ である．したがって求めたい度量は $\sqrt{r^2-s^2}$ の $U(r, S)$ 上の積分の 2 倍となる（厳密には累次積分定理…次章のテーマ）．

ここで $t=\sqrt{r^2-s^2}$ とおき，累次積分の順序を交換して，$U(\sqrt{r^2-t^2}, S)$ の度量を t に関して $[0, r]$ の範囲で積分する．

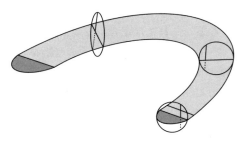

図 16-1

円周の点から水平線上の定点までの距離は偏角が大きいほど大きいので，被積分関数は $2\pi a\sqrt{r^2-t^2}+\pi(r^2-t^2)$ である．その結果，積分値は $\pi^2 ar^2+\dfrac{4}{3}\pi r^3$ となる．ここから $v^1(S\times S')$ は πa であることがわかる．

どうせなら最初から x ではなく $\mathbf{R}^1$ の点 x' の方を固定すれば手間が省けたのに…という不満が出てきそうである．直接的にはそういうことになるが，これから起きる S, S' が共に 2 次元以上の空間に入っているという状況に対応するための心づもりと思って頂きたい．

2. 一般的な直積

それではいよいよ一般的な状況で $S\times S'$ の度量を考察してみよう．

第16章 直積と次元の魔

目指す式は次の通りである.ここでは $p' < n'$ と仮定する.

$$v^p(S) \leqq A, \quad v^{p'}(S') \leqq A'$$
$$\Rightarrow v^{p+p'}(S \times S') \leqq AA',$$
$$v^p(S) \geqq A, \quad v^{p'}(S') \geqq A'$$
$$\Rightarrow v^{p+p'}(S \times S') \geqq AA'.$$

まず誤差の許容限度 ε が決められたとき,正数 δ を後述のように,また正数 r_0 を然るべく定め,

$$v^p(r, S) \leqq A + \delta,$$
$$v^{p'}(r, S') \leqq A' + \delta$$

が r_0 より小さい任意の正数 r に対して成り立つようにする.

その結果次の不等式を得る.簡単のため $N = n + n'$, $P = p + p'$, $Q = q + q'$ と定めておく.

$$v^N(U(r, S \times S')) = \int v^{n'}(U(\sqrt{r^2 - s^2}, S')(\boldsymbol{x}))d\boldsymbol{x}.$$

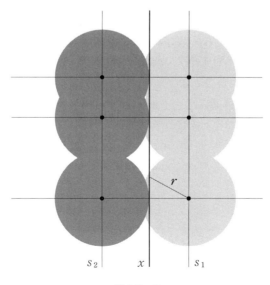

図 16-2

ここに (x) は当該集合の x 断面を表す．また積分は $U(r, S)$ 上でとるものとする．さらに s は x から S への距離とし

$$\int v^{n'}(U(\sqrt{r^2-s^2}, S')(x))dx \leq \int c_{q'}(r^2-s^2)^{q'/2}(A'+\delta)dx$$

と変形する．さらに $t=(r^2-s^2)^{q'/2}$ とおいて次式を得る．ただし t に関する積分範囲は $[0, r^{q'}]$ である．

$$\int (r^2-s^2)^{q'/2}dx = \int v^n(U((r^2-t^{2/q'})^{1/2}, S))dt$$

$$\leq \int c_q(r^2-t^{2/q'})^{q/2}(A+\delta)dt$$

そこで以上を総合すると次の式を得る．

$$v^N(U(r, S\times S')) \leq c_q c_{q'} AA' \int (r^2-t^{2/q'})^{q/2}dt$$
$$+ \int c_{q'}(r^2-s^2)^{q'/2}\delta\, dx + c_q c_{q'} \int (r^2-t^{2/q'})^{q/2}\delta\, dt$$

ここで右辺の主要項(第1項)は $c_Q r^Q AA'$ と一致し，p, p' が整数のときは高次元球の度量を2段階に積分したことに当たる．しかし一般的な扱いはΓ関数の議論を用いるのでしかるべき書きものに委ねる．

残りの2項は和が ε 以下になるように δ を定めておけば，所期の結論の第1式が得られる．またこれまでの議論に並行した変形により第2式(逆向きの不等式)も導くことができる．

さて，p や p' が整数とは限らないといわれて面食らった読者も多かろう．そんな気持ち悪いことを考えたくないかも知れないが，直積原理がある以上はそれぞれが非整数でも和が整数になることがある．1次元の度量が有限確定値をもつ集合は何らかの意味で「線」を彷彿させるかという疑問点に対して，このことが影響を及ぼしてくる．

3. 非整数次元

まずは非整数次元の度量から始めよう．これについては旧来流の解釈でも知られている例がある．もちろん本書では旧来とは異なる解釈に立つが，結論は旧来のものとさしたる違いはない．

例 16-2

(Cantor 集合). 閉区間 $[0, 1]$ の真ん中から $\frac{1}{3}$ の長さの開区間を取り除く．次いで残った各閉区間の真ん中からその $\frac{1}{3}$ 倍の開区間を取り除く．…このような操作を何回繰り返しても残る点の全体を S とする．

まずは S の r 近傍の度量を調べよう．S の r 近傍を考えるには取り除いた区間のどれかの端に来る点だけを考えれば十分である（全部だとはいわない，$\frac{1}{4}$ などもある）．すなわち近すぎる点どうしは r 近傍が融合してしまうのである．

$U(r, s)$ はまず r が $\frac{1}{2\cdot 3}$ 以上のときは $[-r, 1+r]$ となり，その度量は $1+2r$ である．それより小さいときはいくつかの区間の合併になる．一般的に r が $\frac{1}{2\cdot 3^{k+1}}$ 以上 $\frac{1}{2\cdot 3^k}$ 未満のとき，その度量は $2^k(3^{-k}+2r)$ となる．r を基準にしてこの区分を書き直すと，k は $-\log_3(2r)$ の小数部分切り上げ値である．

ここで正数 p を想定し，$v^p(r, S)$ を求める（前章を参照）．

$$v^p(r, S) = \frac{2^k(3^{-k}+2r)}{c_q r^q}.$$

この値は r が $\frac{1}{3}$ 倍になると $\frac{3^p}{2}$ 倍になる．したがって $p = \log_3 2$ のときは $\log_3 r$ に関して周期的である．しかし p をどう定めたときも $r \to 0$ に関する極限値をもたない．

$v^p(r, S)$ に関して一般論としては次のことが分かる．すなわち p が大きいと（たとえば p が n を超えると）$r \to 0$ のとき限りなく 0 に近くなり，S が無限集合なら p が小さいと（例えば $p=0$）$r \to 0$ のとき限り

なく大きくなる．

このような p の限界値はそれぞれ S の上次元，下次元といい，両者が一致するときは次元という．上の例は次元が定まるという意味で，まだまだ穏やかな部類に入る．

それでは非整数 p に対して $v^p(r, S)$ が正の値に定まるということが実際に起きるのかという疑問が湧いてくる．実は Cantor 集合の作り方を微調整するといろいろな次元のものを作ることができるが，特定の次元に関する度量が確定するものはこの範疇には見あたらない．しかしもっと大胆に変えることで，本書のスタンスでは肯定的になる例がある．

例 16-3

$n=1$ とし，S を自然数の逆数すべてからなる集合とする．

k を 2 以上の整数とし，

$$\frac{1}{2k(k+1)} \leq r \leq \frac{1}{2k(k-1)}$$

とする．このとき $U(r, S)$ の度量は $2rk+k^{-1}$ であるから

$$v^{1/2}(r, S) = \frac{2rk+k^{-1}}{c_{1/2} r^{1/2}}$$

を得る．ここで r が 0 に近くなると $2k^2 r$ は 1 に近づく．それゆえに $v^{1/2}(r, S)$ は $\dfrac{\sqrt{8}}{c_{1/2}}$ に近づくことが分かる．

この例は牧歌的な想像に 1 つの限界を与えている．すなわち S を 2 つ直積すると直積原理により次の結論に到達する．

$$v^1(S \times S) = \frac{8}{(c_{1/2})^2}.$$

ちなみにこの例に対する旧来の支配的見解はこれと違い，「S は可算集合であるから何次元の度量も 0 である（べきだ）」となっている．しかしこのドグマを取り込んだ上で，一般的に直積の度量が度量の積になるようにはできていない．せっかく成立している直積原理を結果的に振り出しに戻したのが可算無限算法だということになる．

「曲面の話は広義積分と極限の交換に比べれば些細な話である」という意見が聞こえてきそうであるが，それは広義積分と極限の交換のところで腰を落として論じるべきであろう．

4. 正の面積をもつ曲線

「曲線」というのは罪な言葉である．「えっ，曲がってなくてもいいんですか？」に始まり，「長さが有限にならないことがあるんですか？」と続く．とどのつまりは正の面積をもつ曲線，それどころか有名な Peano 曲線は正方形を埋め尽くす．「1 対 1 に限る」と制約するのは傍点部分の回避に役立つが，正の面積をもつことを解消はしない．

例 16-4

最初に 3 角形 Δ と 2 頂点 ＋，－ を選ぶ．次に残りの頂点と対辺の中央の一部を結ぶ 3 角形を Δ から取り除いて 2 つの 3 角形を作る．新たにできる頂点から各々に同様の操作をして…，という操作を繰り返していって極限集合 S を得る．

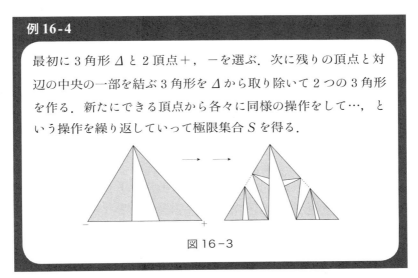

図 16-3

以下 θ_n を正数の単調減少列とし，第 n 段階に取り除く辺の長さは

もとの辺の θ_n 倍とする．このとき個々の 3 角形の差し渡しは 0 に限りなく近づく．もっとも上記の操作を 1 回行っただけでは大して進展せず，3 回にして初めてすべての破片の差し渡しが元のものの定数倍以下になるのである．

まず，例えば 2 回の操作で常に＋側にあった破片は＋の対辺と平行な直線を引いて $\varDelta$ に対して相似比 $\dfrac{1-\theta_2}{2}$ の 3 角形の中に収めることができる．また＋側に次いで 2 回とも－側を選択したときも同様にして相似比 $\dfrac{1-\theta_3}{2}$ の 3 角形に収めることができる．

一番面倒なのは＋，－，＋の順にとったときであるが，このときは $\varDelta$ から半回転して相似比 $\dfrac{1+\theta_2}{2}$ 倍以下の 3 角形に収めることができる．そういう次第で差し渡しは 3 回に一回 $\dfrac{1+\theta_2}{2}$ 倍以下になることが分かる．

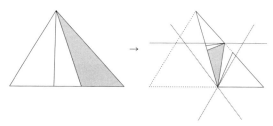

図 16-4

本例の条件を少しは緩和することもできる．詳しい解説は「数学セミナー」2014 年 2 月号にて解説済である．ちなみにこの話題の出所は「解析概論」高木貞治・岩波書店…末尾にある．

以上により $[0,1]$ から S への 0 次同相埋め込みが得られる．すなわち $[0,1]$ の点は 2 進展開し，各桁に現れる数が 0 か 1 かにしたがって細分 3 角形を－側・＋側，…と順に辿りその極限に対応させればよい．

さて $1-\theta_n$ の積の極限を ρ とし，S と $\varDelta$ の度量の比を考えよう．簡単のため $\varDelta$ の度量を 1 としておく．

ρ より大きい値 ρ_+ に対しては問題の積がそれより小さくなるように番号 k をとり，その段階までの3角形を取り除く．これにより S が覆われるので，その度量は ρ_+ 以下になる．

 逆に S が有限個の正方形で覆ってあり，その度量 ρ_- が ρ より小さいとしよう．そこでこの被覆の r 近傍を度量が ρ 未満であるようにとる．さらに $\varDelta$ の分割の結果生じるすべての3角形の差し渡しが r 以下になるように k を選ぶ．

 その結果，S の r 近傍は第 k 段階の3角形をすべて内包するので，その度量は ρ 以上である（この段階の3角形の頂点はすべて S 自体に含まれる）．しかしこれらの3角形はどれも上記の被覆の r 近傍に内包されるので，その度量は ρ 未満でなければならず矛盾する．したがって ρ_- は ρ 以上でなければならない．

第17章　切り口と積分

　度量については全次元のみならず相対次元（埋め込んだ空間と同じ次元か否かが違う）についても論じてきた．後者についても前者と同様に積分が定義され，関数の和や領域の和に関する公式が成立する．ただこれらが済んでも，まだまだ積分の処理を十分にできるわけではない．度量について第13章に書いたスローガンを再録してみよう．

1. 度量は向き・配置方法に依存しない
2. 直積の度量は度量の積である
3. 断面が連続的に変化する集合の断面の度量は連続的に変化する
4. 座標方向の断面が連続的に変化すると集合の度量は断面の度量の積分である

　こういったことのうち前二者は解決済みであるが，残る二者がこの章の中心課題である．もちろん積分は度量であるので，積分でいえば3は「積分と極限の交換」，4は「累次積分」ということになる．
　大風呂敷を拡げたが，本書では全次元のことを重点的に述べる．それ以上のことは例によって姉妹編「納得しない人のための…」を参考にされたい．
　まずは R^m, R^n の有界部分集合 X, Y，さらに $X \times Y$ の部分集合 S を考える．X の点 x に対して次の集合 $S(x)$ を S の **x 断面** と称する．
$$S(x) = \{y \in Y \,|\, (x, y) \in S\}.$$

1. 断面が連続的に変形するとは（1）

　人間の感覚というものは厄介な代物である．認識しているつもりのことを成文化してみると何やらぎこちないものになっていることに気づく．概念の規定には適用可能性と理論的整合性に目を配らねばならない．理論と応用を対立軸におくのは有害無益である．単純な話，どちらが欠けても一人前とはいえない．

　またまた前振りが長くなったが，本節で扱うのは「断面の度量が連続的に変化する」ことである．そのことに留意して，「　」自体が概念の核心部分だと考えることにする．しかし…

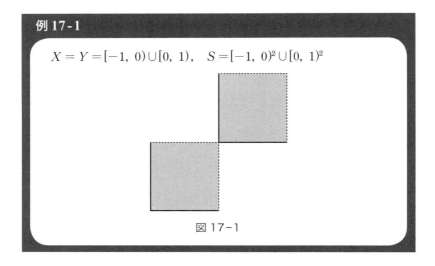

例 17-1

$$X = Y = [-1, 0) \cup [0, 1), \quad S = [-1, 0)^2 \cup [0, 1)^2$$

図 17-1

　$[-1, 1)$ といえばいいものを 2 つに分けるなんて…と思う（ほとんどの）読者は軽く流して頂きたい．本書では「いかなる実数も 0 以上か未満かどちらかである」と断定するのを避けているだけのことである．この姿勢を著者はスフマート方式と呼んでいる．

　さてこの例では x 断面の度量が常に 1 である．それなら断面が連続的に変化しているといっていいのかと問われると首をかしげる．そ

の違和感は積分したときに如実に顕れる．実際，S において 0 次連続関数 $2y+2$ を考えると，その懸垂域（値が 0 以上関数値以下の間にある $S \times \boldsymbol{R}$ の部分集合）の x 断面の度量は $[-1, 0)$ においては 1, $[0, 1)$ においては 3 となる．早い話，位置情報が無視されているのである．

そこで「断面が連続的に変化する」を次のように捉えることにする．

> S を Y 方向のいかなる n 次元直方体に制限したときも，x 断面の度量が x に関して 0 次連続である．…（＊）

さてこの条件が成立しているとしよう．このとき「断面の度量が連続的に変化する」が保証されるが，他にも（＊）が S の代わりに次のような対象にも伝播することを押さえておく必要がある．

ⅰ）0 次連続関数の懸垂域

ⅱ）X をその部分集合に制限したもの

ⅲ）直積

特に X が共通するときは Y 部分のみを直積したくもなるが，それには直積した上で X 部分を対角部分に制限することで，対処できる．

例 17-2

$$X = [0, 1], \quad Y = (0, 1]^2,$$
$$S = \left\{(x, y_1, y_2) \mid 0 < y_1 \leq \frac{1}{e}, \ 0 < y_2 \leq \cos\frac{x}{\log y_1}\right\}.$$

x 断面の度量は積分で与えられるが，そこで出現する y_1 に関する原始関数を初等関数で表すことはできない．それでも x が 0 に近づいた極限の様子を知りたい．

まず $\cos\dfrac{x}{\log y_1}$ は所定の範囲で非負の 0 次連続関数であることが分かる．このことから断面積は x に関して 0 次連続であり，積分値の極限は極限関数の積分値である $\dfrac{1}{e}$ となる．

例 17-3

$$X = \left[0,\ \dfrac{1}{2}\right],\ Y = [0,\ 2]^2,$$
$$S = \{(x, y_1, y_2) \mid 0 \leqq y_1 \leqq 1,\ 0 \leqq y_2 \leqq (1-(xy_1)^2)^{-\frac{1}{2}}\}$$

x 断面の度量，すなわち $(1-(xy_1)^2)^{-\frac{1}{2}}$ の $0 \leqq y_1 \leqq 1$ における積分は x に関して 0 次連続である．ちなみにこの値は $x \neq 0$ においては $\dfrac{\arcsin x}{x}$ であり，$x = 0$ においては 1 である．これで第 2 章から宿題となっている $\dfrac{x}{\sin x}$ の極限問題にケリがついたことになる．日常的に親しまれている事柄だからといって初歩的に説明できるというわけではない．

ところで数学には「列で表す」設定が頻出する．これに対応するため本書（およびその姉妹編）では $\left\{\dfrac{1}{n},\ n = 1, 2, \cdots\right\}$ を $\varXi_0$，また $\varXi_0 \cup \{0\}$ を $\varXi$ と表記する．次の例は（∗）をみたす．

例 17-4

$$X = \varXi,\ Y = [0,\ 3],$$
$$S = \left\{(x, y) \mid 0 \leqq y \leqq \sum \dfrac{1}{k!}\ \text{和は}\ kx \leqq 1\ \text{の範囲の自然数にとる}\right\}.$$

2. 微妙な話

さて例 17-2 は y_2 に関して制限したときの断面が連結である．しかし $\cos\dfrac{x}{\log y_1}$ の部分を操作すると一般的には幾つもの連結部分に分かれ，極端なときには無限個に分かれていることもある（第 8 章 図 1）．そうでなくても「懸垂域」という制約を外すと，断面のつながり具合はもっと複雑な様相を呈することもある．

例 17-5

$$X = [0,1], \quad Y = [0,\,1]^2, \quad S = \{(y_1, y_2)\,|\,x^2 \leq y_1{}^2 + y_2{}^2 \leq 4\}.$$

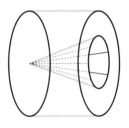

図 17-2

こういったケースを考慮すると，座標方向に切るという無造作な扱いが図形の摂理を無視しているという印象が強くなる．さらに相対次元の度量になると，面の一部が切り口がまとわりつくこともあり得る．

その問題点をクリアーするためには「変動細分系」なる概念が必要になる．ここでは姉妹編で述べたものを（スフマート的に）手直しした定義を挙げる．S の部分集合の族 $\mathbb{S}$ が S の**変動細分系**であるとは S を元にもち，$\mathbb{S}$ の任意の元 T と任意の正数 ε に対して次のような元 $T_1, \cdots, T_k$ をもつことである．

ⅰ) $\cup_i T_i = T$

ⅱ) X のどの元 x に対しても
$$\sum_i v^p(T_i(x)) \leqq v^p(T(x)) + \varepsilon$$

ⅲ) 正数 δ をうまくとると
$$\|x-x'\| \leqq \delta\, y \in T_i(x),\ y' \in T_i(x') \implies \|y-y'\| \leqq \varepsilon$$

例 17-6

f を $X=[a,b]$ において非負値の 0 次連続関数とし，S が次のように定められているものとする．
$$S = \{(x,y)\mid x \in X,\ 0 \leqq y \leqq f(x)\}.$$

ここで $\mathbb{S}$ を次のように定める．
$$\mathbb{S} = \{S_{s,t} \mid 0 \leqq s < t \leqq 1\},$$
$$S_{s,t} = \{(x,y) \mid x \in X,\ sf(x) \leqq y \leqq tf(x)\}$$

関数の懸垂域はこのように y に関して上限値に比例して分割した方が無理やり感が少ない．

「変動細分系」は全次元のケースには座標平面で無造作に切っても得られるが，相対次元のときはそうもいかない．相対次元の度量が確定し「変動細分系」をもつときには 0 次連続関数の積分値が確定する．もっとも相対次元の度量が確定しているケースでこれをとれない例を著者は知らない．ここでいう「確定」は要求精度に対応できることをいう．

こういう宙ぶらりんな状況の中でも積分値が確定した 0 次連続関数の和・スカラー倍は（「変動細分系」の存在を要求せずとも）想定通りの積分値をもつ．

話題が逸れるようだが「多様体愛護協会」の看板を掲げる数学の専門家の説では多様体を切ると多様体が痛がるのだそうである．土俵が

少々違うが曲面の気難しさに言及するという意味で何やら通じるものがある．

　もしかすると面の世界には面の事情があって，相対次元の度量は r の関数の状態で捉えるべきなのかも知れない．その意味でなら相対次元の度量は必ずあり，和・スカラー倍のみならず直積でも度量の(畳み込み)積が対応する．

　曲線の像の 1 次元の度量は長さであるから 0 から 3 まで込めた実数で一列に並べることができるが，そんな牧歌的な世界観が曲面に対して当てはまるという確証はない．馴染みであることは自然であることを意味しない．

　度量が確定した曲面の上で 0 次連続関数の積分が確定すると言い切れていないことからして，曲面の摂理がこのような序列化思想で説明できると信じ込む気にはなれない．

3. 断面が連続的に変形するとは(2)

　さて断面が連続的に変化する集合を考える．このとき次のように思うのは至極もっともな話である．

　　　　断面の度量を積分すると元の図形の度量になる　　　……(**)

例 17-7

$$S = \left\{(x, y, z) \mid y^2 + z^2 \leq \left(\frac{ax}{h}\right)^2,\ 0 \leq x \leq h\right\}.$$

　小学校以来懐かしい円錐を表す．体積公式は $\dfrac{\pi a^2 h}{3}$ であるが，標準的には x 断面の度量 $\left(\dfrac{ax}{h}\right)^2$ を $x \in [0,\ h]$ の範囲で積分して得られる．

例 17-8

$$S = \{(x, y) \mid 0 \leq x = y \leq 1\}.$$

$0 \leq x \leq 1$ の範囲で 1 点が動いているから 1 次元の度量は 1…, などという人はいるまい．中学生以上なら $\sqrt{2}$ だと分かっている．1 点の 0 次元の度量というのに抵抗があるなら，もう 1 次元上げて $[0, 1]$ を自由に動く変数 z を導入してもいい．

「それは相対次元の度量にまで当てはめようというのが厚かましいのだ」という声が聞こえてきそうである．その答えは現時点では保留することにする（姉妹編で一応の試案を挙げている）．

少々異常な例を挙げよう．

例 17-9

$$X = Y = [0, 1], \ S \subset X \times Y.$$

部分集合というだけでは決まらないが，詳細は込み入るので姉妹編に委ねる．要点は 2 つ．

 i) $X \times Y$ の任意の点の任意の近傍 U が S と点を共有する

 ii) 第 1 変数を固定するごとに第 2 変数の値は高々 1 つである．

断面の 1 次元の度量はどこでも 0 であり，その積分も 0 である．それでは S の 2 次元の度量はどうか？

定義通りに S を有限個の長方形で覆うと総計 1 の面積を要することが分かる．すなわち本書のスタンスでは S の 2 次元の度量は 1 であ

る．

　参考までにルベーグ積分では加算無限個の長方形で覆うので，いくらでも小さく抑えることができ S の測度は 0 であると考える．

　素朴な立場に身を置くなら，…こんな異常な例は歓迎できない．しかしそれなら正常と異常はどのように判別するのか？「正常」と大上段に構えるなら非負値 0 次連続関数の懸垂域（や直積）に耐えるものであって欲しい．

　もちろん（**）のための十分条件はいくつも試作できる．ただし陳述が成立するための十分条件は適用するための必要条件となる．こう考えたとき，汎用な適用範囲を有し，なおかつ「正常」と呼ぶに値する風格を具えた条件があるのだろうか？

　あれやこれやと悩んだあげく，結局のところその条件の核心として（**）そのものに思い至る．すなわち変動細分系 S はその各メンバーが（**）をみたすとき**重層的**であるということにする．そう思って再点検してみると，この条件は相対次元を排斥していないことが分かる．

　そうはいうが相対次元のときにどの程度の応用があるのかという疑問があろう．これに関して思い当たるものに「線積分」，「面積分」すなわち線や面の上の懸垂域の度量がある．「重層的」は直積のほか懸垂域にも遺伝する概念だからである．ただこちらはただの「変動細分系」と違って「制限」に関しては注意が必要である．

第18章　多変数積分の変数変換

　多変数の度量・積分を実際的に計算するときの基本は累次積分であるが，おいそれと初等関数の枠内で処理できるとは限らない．そこで出現するのが「変数変換」である．

1. 変数変換

　「変数変換」を1変数では原始関数流に「置換積分」と呼ぶ慣習がある．復習しよう．まずϕを単調増加な関数とする．

$$\int_{\phi(I)} f(x)dx = \int_I f(\phi(t))\phi'(t)dt \qquad \cdots(*)$$

　公式がこうである以上，ϕには1次連続性が要求される．多変数になればこの条件が要らなくなる…と思う人はいないであろう．陳述の証明に用いられるのが常であった条件なら不要になることがないとは言い切れないが，陳述の表記に用いられた条件は仮に回避できるにしても表記自体を変えるしかない．

　XをR^nの有界部分集合，ϕをXからR^nへの1次連続写像とし，fをX上非負値の0次連続関数とする．このとき次の関係が成立する．

$$\int_{\phi(X)} f(\boldsymbol{y})d\boldsymbol{y} \leqq \int_X f(\phi(\boldsymbol{x}))\left|\det\left(\frac{\partial \boldsymbol{y}}{\partial \boldsymbol{x}}\right)\right|d\boldsymbol{x}.$$

　これが多変数における変数変換の基本である．ここに$\dfrac{\partial \boldsymbol{y}}{\partial \boldsymbol{x}}$は偏導関数のなす行列である（第9章）．detは一般に行列式を表し，$\dfrac{\partial \boldsymbol{y}}{\partial \boldsymbol{x}}$に対

するものはヤコビアンと呼ばれている（ついでながら行列式を det ではなく｜ ｜と表す流儀もあるが，そのとき $\left\|\dfrac{\partial \boldsymbol{y}}{\partial \boldsymbol{x}}\right\|$ における内側の｜ ｜は行列式，外側のは絶対値を表すことになる）．

ついでに…行列式は正方行列にのみ規定され，行数 n が 1 のときは成分そのもの，2 のときは高校の教科書の隅に書いてあるとおりである．3 のときは「Sarrus の方法」という独特の計算法があるが，**4 以上のときにこれをやって大やけどをする**学生が多い．

さて絶対値なんか 1 変数のときはなかったというかも知れないが，そのときは代わりに単調性が用意してあったのである．それに，どうして不等式なんだと不審に思う向きもあろう．不等式を等式に変える鍵は「0 次同相性」にある．すなわち $\phi: \boldsymbol{x} \to \boldsymbol{y}$ が 1 次連続であるのみならず 0 次同相埋め込みでもあれば次のようになる．

$$\int_{\phi(X)} f(\boldsymbol{y})d\boldsymbol{y} = \int_X f(\phi(\boldsymbol{x}))\left|\det\left(\dfrac{\partial \boldsymbol{y}}{\partial \boldsymbol{x}}\right)\right|d\boldsymbol{x} \qquad \cdots(**)$$

ここでも絶対値はあくまで積分の中に居座っている．もっとも $\det\left(\dfrac{\partial \boldsymbol{y}}{\partial \boldsymbol{x}}\right)$ がどの点でも一斉に同じ符号をとるときは絶対値を解消できるのみならず，f が正負の値を取り混ぜてとるときでも適用できる．

ところで大雑把にいえばこの公式の肝は行列式の部分にある．つまり X を小さくすれば f や $\dfrac{\partial \boldsymbol{y}}{\partial \boldsymbol{x}}$ の成分の変動が小さく押さえられる．そこでこれらをどれも定数にし，X も正方形にすると，この公式のひな形になる．

例 18-1

$X = I^n$, $\phi(\boldsymbol{x}) = A\boldsymbol{x}$, $f = c$．（ただし c は定数，A は定数行列）

$\dfrac{\partial \boldsymbol{y}}{\partial \boldsymbol{x}}$ は A であり，その行列式は一次変換 ϕ の（表裏を符号で区別した）伸縮率である．一般論は線形代数の書物に照会するところだが，

$n=1,2$ くらいまでのケースは一度原点に帰って手で確認しておきたいものである．

2. 定番の変数変換

例 18-2

$$X=\{(x_1,x_2)\,|\,|x_i|\leqq 1_{\ i=1,2}\},\quad \phi(x_1,x_2)=(x_1,x_1x_2).$$

像の点 (y_1,y_2) の分布域は $|y_2|\leqq |y_1|\leqq 1$ なのでその度量 $\int_{\phi(X)} d\boldsymbol{y}$ は 2 である．一方 $(**)$ の右辺の側は $\int_X |x_1|d\boldsymbol{x}$ となってこれまた 2 であるが，被積分項の絶対値の中身は符号が一定しない．

不具合の元凶をこの写像が 1 対 1 でないことに求めても，定義域を $|x_2|\leqq |x_1|\leqq 1$ に制約することでその問題点ははぐらかされる．もちろんこの区域は原点において不安定な状況になっているが，その種のことにこだわるのはここの趣旨ではない．

例 18-3

$$X=\{(r,\theta)\,|\,0\leqq r\leqq a,\ |\theta|\leqq \pi\},$$
$$\phi(r,\theta)=(r\cos\theta,\ r\sin\theta)\ (a>0)$$

いわゆる極座標変換である．もちろん r が 0 に近くなる辺りや θ が端の方の値をとることに関してもっと精密に論じる必要があるが，それは次章に出現する「広義積分」とのからみで考えることになる．似た例をもう一つ．

例 18-4

$$X = \left\{(r, \omega, \theta) \mid 0 \leq r \leq a,\ |\omega| \leq \frac{\pi}{2},\ |\theta| \leq \pi\right\}$$
$$\phi(r, \theta, \omega) = (r\cos\omega\cos\theta,\ r\cos\omega\sin\theta,\ r\sin\omega) \quad (a > 0)$$

いわゆる3次元の極座標変換である．r が中心距離，ω が緯度，θ が経度だと思えば腑に落ちる．これで小学校以来の懸案であった半径 a の球の体積公式が解決する．

f が1のとき（**）の右辺はヤコビアンである $r^2\cos\omega$ の積分すなわち $\frac{4}{3}\pi r^3$ であるが，それが ϕ の像の度量だというのは次章に出現する広義積分と関連する話題である．

3. あまり馴染みのない0次同相埋め込み

変数変換の例として通常の書に掲載されるのはお決まりのものばかりである．そこで第5章では次のような一群の0次同相埋め込みを紹介した．

$$f : (x_1, \cdots, x_m) \to (x_1^*, \cdots, x_m^*)$$

ここに $x_i^* - x_i = u$ は i に無関係な0次連続関数で次の性質をみたすものとする：

すべての i に対して $x_i \geq y_i$
$$\Rightarrow u(x_1, \cdots, x_m) \geq u(y_1, \cdots, y_m).$$

例 18-5

上の設定で $n = 2$ とし，$u(x_1, x_2) = (x_1 + x_2)(x_1^2 + x_2^2)^{-\frac{1}{3}}$ と定め $x_1^2 + x_2^2 \leq a^2\ (0 < a)$ の範囲に制限して像の度量を求めよう．

まずは偏導関数を行列表示し

$$\frac{\partial \boldsymbol{x}^*}{\partial \boldsymbol{x}} = \begin{pmatrix} \frac{\partial x_1^*}{\partial x_1} & \frac{\partial x_1^*}{\partial x_2} \\ \frac{\partial x_2^*}{\partial x_1} & \frac{\partial x_2^*}{\partial x_2} \end{pmatrix}$$

さらにその行列式をとって極座標表示すると

$$1 + \frac{4}{3} r^{-\frac{2}{3}} (1 - \sin\theta \cos\theta)$$

となる．これに極座標による因子 r をかけて $0 \leqq r \leqq a$, $0 \leqq \theta \leqq 2\pi$ の範囲で積分すると

$$2\pi \left(\frac{a^2}{2} + a^{\frac{4}{3}} \right)$$

を得る．この議論は多変数の関数の積分を1変数ごとに処理するので前章で論じた「累次積分」の助けが要ることに注意しよう．

4. 積分値の実際

　1変数で閉区間上での積分は「微分積分学の基本定理」により，原始関数の両端における値の差に等しい．もちろんこれは原始関数が把握できたときの計算法である．以前述べたように初等関数の原始関数は必ずしも初等関数にならない．変数変換をいろいろ試みても，ならぬものはならぬものである．

　そんなときも積分値を要求精度の範囲に特定する術は欠かせない．すなわち「極限を求める」と呼ばれている行為は既知の関数に代入して得られており，代入すべき関数が発見できないときの「極限」値は要求精度にしか特定できない．

　また大学に入るまでは積分とは定義区間を等分してできた大きめ・小さめの短冊の面積の間の値とされている．これは1次関数か2次関数の積分値を対応する級数の和の公式で説明する方便であって，10次式に適用するにも苦労する．そして一般的には精度の割に多大な計算を持ち込んでいることになる．少々極端な例を挙げよう．

例 18-6

$$0 \leq x \leq 1 \quad f(x) = (1-x^8)^{\frac{1}{8}}$$

区間を1カ所だけ $x = x_0$ において区切り，各々の小区間において上下から短冊ではさんで差異を求める．これを集計した値 ε をできるだけ小さくすることで積分値を近似したい．

$\varepsilon = (1-f(x_0))x_0 + f(x_0)(1-x_0)$ は区間を単純に2等分したケースでは $\frac{1}{2}$ になってしまう．しかし $f(x_0) = x_0$，すなわち $x_0 = 2^{-\frac{1}{8}}$ のとき値 $2^{1-\frac{1}{8}}(1-2^{-\frac{1}{8}}) \fallingdotseq 0.1522151$ をとり，実はこれが最小になる（微分の上級演習問題）．

区間は関数値の変化が大きいところを重点的に区切るのが賢明である．この例でいえば上記の x_0 の左右で同個数に，左側では x の値，右側では $f(x)$ の値をバランスよく選びたい．

例 18-7

$$f(x) = \frac{1}{x}$$

対数関数が出現するお馴染みの積分であるが $[a, b]$ において考えてみよう（$0 < a < b$）．この例でもまずは1カ所だけで切るやせ我慢に付き合ってもらいたい．このとき上の例と同様に ε を式で表し，計算してみよう．

$$\varepsilon = \frac{(x_0-a)^2}{ax_0} + \frac{(x_0-b)^2}{bx_0}$$

これを最小にするため x_0 に関して微分すると $\frac{1}{a} + \frac{1}{b} - \frac{a}{x_0^2} - \frac{b}{x_0^2}$ となり，さらにこの値が0になるのは x_0 が a と b の相乗平均になるときであることが分かる．

これを踏まえると，何カ所かで切るときも分点が（両端を込めて）等比数列をなすようにするのが最適であることが導かれる．そこでこれまた懐かしい事実に突き当たる．
$$1+\frac{1}{2}+\frac{1}{3}+\cdots$$
これは 2^{-k} を 2^{k-1} 個ずつ足していったものより大きいことから和は $+\infty$ に発散する，塵も積もれば山となるという話．初めて習った頃は「どうして 2^{-k} なんだ」と不思議に思ったが，何と $y=\frac{1}{x}$ と 0 の間の部分を測るには分点の x 座標を等比数列に取るのが能率的…というかからくりが潜んでいたわけである．

第19章　広義積分

　積分は0次連続関数にのみ適用される．しかし区間の端にいくにつれ不安定になったり，定義域自体が有界でないものも扱いたい…．このユーザー的な本音に応えようという試みが広義積分である．

　さて，多くの機能を保証すれば適用対象は限られ，多くの対象をカバーすれば保証できる機能は限られる．その中で有力な解釈が2つある．ただ適用対象は少々食い違っている．一方は1変数に限定され，もう一方は変数の個数に制約がない．しかし1変数の区間に限れば前者の方が常識的な意味では広汎な関数に適用できる．

　同じ土俵で同じ言葉に2つの解釈があるのは好ましくない．それなら適用範囲が広い方がいいという声が聞こえてきそうだが，多変数にある概念は必然的に1変数にも適用される．それゆえに1変数限定の方を別の呼び方にしたい．それが著者の意見である．

　しかしご意見番のH長老は「冷たいんだよね」と苦笑される．もちろん両者は互いの言い分を理解し合っている．ユーザー指向の長老と理論の整合性を重視する著者の嗜好の差である．「忘れねばこそ思い出さず候」などと逃げてはきたが，実際に使われているものを解説しないわけにもいくまい．そこでこの章では1変数限定の広義積分についても考察を加えることにする．

1.　いわゆる「(1変数の)広義積分」

　カギ括弧の中にカッコがあってその中に傍点がついている．こんな異様な表現は見たことがない，悪意が見られる…．そういう反応が

返ってくるのもやむを得まい．まずはもう少し傍観者的な記述から始めよう．

開区間 $I=(a, b)$ とその上の関数 f を考える．ここでいう a が $-\infty$ であったり b が ∞ であったりしても支障はない．今，(a, b) の部分閉区間 $I'=[a', b']$ をどのように選んでも f が I' において 0 次連続であるとしよう．

ここでもし f の I' 上の積分値が $(a', b') \to (a, b)$ に関して極限値をもつとき，この値を f の I 上の **1 変数の広義積分** という．

例 19-1

$$S=(0, \infty), f_n(x)=x^{n-1}e^{-x} \ (n>0)$$

まず S の閉部分区間 $[a, b]$ に対して，ここにおける f_n の積分値を $J_n(a, b)$，区間に関する極限値（があれば）$\Gamma(n)$ と書くことにする．

さて $n=1$ のとき，$J_1(a, b)$ は定積分値 $e^{-a}-e^{-b}$ で与えられる．このことから $\Gamma(1)$ は 1 であることが分かる．さらに，一般的に部分積分により

$$J_{n+1}(a, b)=nJ_n(a, b)+a^n e^{-a}-b^n e^{-b}$$

で与えられる．このことから $\Gamma(n+1)$ は $n\Gamma(n)$ であり，特に n が自然数のときは $n!$ に一致することが分かる．変数を正の実数とした関数 $\Gamma(t)$ は **ガンマ関数** と呼ばれている．

2. 悪魔の囁き

例 19-2

$$I=(-\infty, \infty), \quad f(x)=\frac{2x}{x^2+1}.$$

第 19 章　広義積分

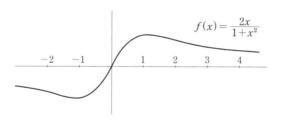

$$\int_{-\infty}^{\infty} \frac{2x}{x^2+1}\,dx = \lim_{r\to\infty}\int_{-r}^{r}\frac{2x}{x^2+1}\,dx$$
$$= \lim_{r\to\infty}[\log(x^2+1)]_{-r}^{r} = 0\,??$$

「えっ，何かいけないことでもある？」と思う人もあろうが，これは広義積分の値が存在すると保証されているときの計算法に過ぎない．そもそも保証されないものを確定値のようにいうのは正当化されない．これが罷り通るなら $f(x)=x$ でも同じ計算で値 0 が計上されてしまう．

「$x\to\infty$ のときに $f(x)$ の極限が 0 になるかどうかが違うじゃないか」と思うかも知れないが，そういう付け焼き刃は後々たたってくる．

例 19-3

$$I=(-\infty,\ \infty),$$
$$f(x)=f_+(x)-f_-(x),$$
$$f_\pm(x)=\frac{2u_\pm(x)}{1+u_\pm(x)^2}\cdot\frac{du_\pm(x)}{dx},$$
$$u_\pm(x)=2x\pm\sqrt{x^2+1}.$$

被積分項を正直に整理すると $\sqrt{x^2+1}$ に x の有理式 g をかけたものになる．したがって置換積分により有理式の原始関数に還元され初等関数表示が可能である…とは第 11 章の第 3 節に述べた通りである．

断っておくがこんな面妖な例を作りはしたが，面倒な計算を定義通り精密に実行すること自体が差し当たって有意義だとは思わない．い

わゆる「ためにする」議論であるが，大局的に「ためになる」ことを期待するところである．

そこでうまい手を探してみよう．$f_{\pm}(x)$ はどちらも $u_{\pm}(x)$ を変数に取り直したら前の例になる．「だから f の広義積分は $0-0$，つまり 0 になる！」，…その気持ちはよく分かるがそこを抑えて 1 歩ずつ着実に進んでみよう．積分の段階に戻れば安心して種々の公式を使ってよい．

$$\int_{x=a}^{x=b} f_+(x)-f_-(x)dx = \int_{x=a}^{x=b} f_+(x)dx - \int_{x=a}^{x=b} f_-(x)dx.$$

ここで個々の積分を求めよう．

$$\int_{x=a}^{x=b} f_{\pm}(x)dx = \int_{u=A_{\pm}}^{u=B_{\pm}} \frac{2u}{u^2+1} du$$
$$= [\log(u^2+1)]_{u=A_{\pm}}^{u=B_{\pm}}$$
$$= \log \frac{B_{\pm}^2+1}{A_{\pm}^2+1}.$$

ここに $A_{\pm}=2a\pm\sqrt{a^2+1}$, $B_{\pm}=2b\pm\sqrt{b^2+1}$ である．元の積分に当てはめると

$$\int_{x=a}^{x=b} f_+(x)-f_-(x)dx = \log \frac{B_+^2+1}{B_-^2+1} - \log \frac{A_+^2+1}{A_-^2+1}$$

となる．その結果 $(a,b)\to(-\infty,\infty)$ における極限値は $4\log 3$ であることが分かる．

0 以外の値が出てきて狐につままれた心地の人がいるかもいるかも知れない．焦点は「$\overset{\bullet}{1}\overset{\bullet}{変}\overset{\bullet}{数}$の広義積分」にあった．これは「積分」ほど安心できる存在ではないのである．

彫っていくとありがたいことに観音様になる…，と棟方志功は言う．一方で夏目漱石の「夢十夜」（第六話）では文明開化の東京に運慶が現れ仁王を彫る．いやあれは「木の中に埋(う)まっているのを，鑿(のみ)と槌(つち)の力で掘り出」しているのだと言う男がいて，主人公も自宅にあった木塊を片っ端から調べるが「明治の木にはとうてい仁王は埋(う)まっていないものだ」と得心する．

3.「1 変数の広義積分」は 1 変数限定

「1 変数の広義積分」を扱うに当たっての注意点を解説したところで，1 変数ならではの目の醒めるような例を紹介しよう（例 14-4 に関連）．ただし，痛快な証明は複素（正則）関数論に負うのでとてもここには書けない．

例 19-4

$$\int_{x\to -\infty}^{x\to \infty} \sin x^2 \, dx = \left(\frac{\pi}{2}\right)^{\frac{1}{2}}.$$

そこで $\left(\int_{x\to -\infty}^{x\to \infty} \sin x^2 \, dx\right)\left(\int_{y\to -\infty}^{y\to \infty} \sin y^2 \, dy\right) = \frac{\pi}{2}$ は問題ない．そこで，さらに多変数にして $D = (-\infty, \infty)^2$, $f(x, y) = \sin x^2 \sin y^2$ とおき，こんなことを考えてみよう．

$$\int_D f(x, y) \, d(x, y) = \frac{\pi}{2} ?$$

「いけないという理由が見あたらない」という人がいるかも知れないがこれは御法度，理由はこういう解釈が変数変換に弱いことにある．

実際にこの f は値が＋になるところと－になるところが市松模様（を縦横に伸縮したもの）になっていて，＋のところばかりを積極的に，－のところは消極的に集めて積分していくと無制限に大きくなっていく．このことは積分域が「連結である」とか「単連結である（穴が空いていない）」とか制約を加えても無駄，長方形の 1 次同相写像による像を認知する限り避けられないのである．

この f の D 上の広義積分をとるか変数変換をとるか…，数学では個別例への思い入れより一般原理の普遍性を求める．そうでなければ安心して計算できない．それゆえにいわゆる「1 変数の広義積分」は 1 変数に留まる．やはり野におけ蓮華草，ガラパゴスにはダーウィン・フィンチ…．

4. 広義の度量と広義積分

そういう次第で本書では「広義積分」とはもう一方のもの，定義域より1次元高い「広義の度量」を指すものとする（そのためもちろん第一義的には扱う関数を非負値のものに限る必要がある）．

S を(有界とは限らない)集合とする．非負数 ρ に対して S の点のうち座標値の絶対値を ρ 倍したものがどれも 1 以下であるものの全体を $S|_\rho$ と表し，S の **ρ 部分**と称する．

さて任意の正数 ρ に対して $S|_\rho$ の度量が実数 A 以下であるとき S の広義の度量が **A 以下**であるという．また A より小さい任意の実数 A' が与えられたとき正数 ρ をうまく選ぶと $S|_\rho$ の度量が A' 以上になるとき，S の広義の度量が **A 以上**であるという．また A 以下かつ A 以下であるときは **A に等しい**という．

参考までにこの定義は相対次元の度量についても適用できる．概して曲面を切ることは上の議論には支障がないが，細心の注意が必要でありここでは定義を述べるに留める．

さて直積集合に対して広義の度量はその積が対応する．直積の次の話題は非負値関数 f の広義積分である．積分のときに本書では簡単のため 0 次連続という条件を課したが，ここでそれをするには定義域を有界にせねばならず，元の木阿弥になる．そこで**広義積分**とは懸垂域の広義の度量と規定することにする．

もったいぶった定義だと思うかも知れないが，次のような例を念頭に置くと致し方ない．

例 19-5

$$S = \mathbf{R}^2 - (\pi \mathbf{Z})^2, \quad f(x) = e^{-x^2-y^2}(\sin^2 x + \sin^2 y)^{-\frac{1}{2}}.$$

定義域は穴ぼこだらけで，どこまで遠くに行っても関数値は 0 に収束しないが広義積分値は定まる（だからといってその値を痛快に表すこ

とは諦めよう）．もう一つ趣の違った例を挙げよう．

例 19-6
$$S = (0,\ 1], \quad f(x) = 1 + \sin \log x.$$

まず 1 以下の任意の正数 ρ に対して f の $[\rho,\ 1]$ における定積分 J_ρ を求めると置換積分により

$$J_\rho = \int_{-1/\rho}^{1} (1+\sin t)e^t\, dt$$
$$= \left[\left(t + \frac{\sin t - \cos t}{2}\right)e^t\right]_{-1/\rho}^{0}$$

となる．さて $[f]|_\rho$ の度量は J_ρ 以上 $J_\rho + \rho$ 以下なので，f の広義積分は J_ρ の極限値 $\dfrac{1}{2}$ に等しい．

ところで f を 1 と $\sin \log x$ に分けて…というのはまだ保証されていない，なにしろこの段階では非負関数しか扱っていない．$\sin \log x$ を広義積分するには $(1 + \sin \log x) - 1$ として広義積分の差として求めることになるのだが，このためには関数の和をうまく処理できるようにする必要が生じてくる．

ところで例 19-1 を広義積分で解釈すると一手間付け加わる．すなわちどの (a, b) に対しても十分小さな正数 ρ に対して f_t のグラフの ρ 部分の度量は $J_t(a, b)$ 以上 $J_t(a, b) + a^t$ 以下である．このことから広義積分は「1 変数の広義積分」に一致する．

5. 加法性，負値もとる関数

1 変数のときの広義積分は「1 変数の広義積分」より面倒くさい，それにいつまで関数を非負値に制約しておくのか…という声が聞こえてきそうである．何とか両者を橋渡ししておく必要がある．

広義積分を円滑に扱うためには関数を有界部分集合に制限して 0 次

連続になるようにしたい．そのため添字集合として $(0, 1) \times \Xi$ をもつ S の部分集合族 $\{S_{\rho, \xi}\}$ で次の性質をみたすものがとれることを要請する．

 i) $S_{\rho, \xi} = S_{0, \xi} \cap S_{\rho, 0}$ かつ $S_{\rho, 0} \supset S|_{\rho}$

ii) 0以外の ξ に対しては正数 r をうまくとると $S_{0, \xi}$ の S における r 近傍は適切な ξ' に対して $S_{0, \xi'}$ に包含される

iii) $v^p(S_{0, \xi})$ は ξ に関して 0 次連続

iv) 任意の正数 ρ, ε に対して適切な ξ を選ぶと
$$v^p(S_{\rho, 0}) \leqq v^p(S_{\rho, \xi}) + \varepsilon.$$

ここに Ξ は自然数の逆数と 0 からなる集合，ξ' は $\dfrac{\xi}{\xi+1}$ を表す．$\{S_{0, \xi}\}$ を S の**漸近列**と称する．もちろん全次元のときは v^p となっているところが v になる．ここで S 上の非負値関数 f で次の性質をみたすものを想定しよう．ここで S 上の非負値関数 f で次の性質をみたすものを想定しよう．

$$\text{各 } S_{0, \xi} \text{ 上で 0 次連続である} \quad \cdots\cdots(*)$$

もし f の $S_{0, \xi}$ 上の積分の ξ に関する極限があれば，その値は f の $S_{0, 0}$ 上の広義積分になる．

さて上記の条件の下では $(*)$ をみたす非負値関数の和・定数倍に関して広義積分は和・定数倍が対応する．ここで $(*)$ をみたす関数 f_1, f_2 の差 f に対してその広義積分の差を f の**広義積分**と規定する．和・定数倍に関する性質により，これは f_1, f_2 の選び方に依存しないことが分かる．

ところで 17 章では相対次元の度量を r の関数と捉えてはどうかと述べたが，広義の度量では r のみならず ρ，それどころか ($S|_{\rho}$ のように無理やり切るのでなければ) $S_{\rho, 0}$ の選択も影響することを考慮せねばならない．それゆえに値として確定するケースにとどめる．

第20章　広義積分，その極限と累次積分

いよいよこの章では広義積分における極限と累次積分を扱う．これは微積分の秘境，話は正念場を迎える．

広義積分の極限は注意深く扱わねばならない．現代数学の支配的な見解では広義積分は不完全な存在であり，ルベーグ積分に転化することで解決する…ということになっている．果たしてその判断は妥当であろうか？

ルベーグの収束定理は優関数（パラメータの値に共通した上界）の積分が有限値であることを要求する．そして多くのユーザーがこれを守らずに計算した挙げ句に，何と正しい結論に辿り着く．そういう事態が百年来続いているというのに「解決した」と胸を張る訳にもいくまい．

1. 有界でない集合の切り口

前章で述べた通り広義積分は積分の極限状態，すなわち漸近列上の0次連続関数を積分したものの極限と捉えられるのが通常である．さらにその変化を追求するには漸近系自体にパラメータの変動を組み込まねばならない．

そのため S の**変動漸近列**と称する有界部分集合の列 $\{S_{\rho,\xi}\}$ がとれることを要請する．これは漸近列の条件のうち $v^p(S_{\rho,\xi})$ を $v^p(S_{\rho,\xi}(x))$ に置き換えたものである．すなわち iii) と iv) を次のように書き換える：

iii) $v^p(S_{0,\xi}(x))$ は (ξ, x) に関して0次連続

iv) 任意の正数 ρ, ε に対して適切な ξ を選ぶとすべての x に対して
$$v^p(S_{\rho,0}(x)) \leqq v^p(S_{\rho,\varepsilon}(x)) + \varepsilon.$$

ここに ξ は自然数の逆数と 0 からなる集合 Ξ の元とする．もちろん全次元のときは v^p となっているところが v になること，さらに S 上の非負値関数 f で各 $S_{0,\xi}$ 上で 0 次連続になるものを想定するといったことは前章と同様である．

その結果，f の $S_{0,\xi}(x)$ における積分の $\xi \to 0$ における極限値は $S_{0,0}(x)$ における広義積分値になる．ただこれだけでは残念ながら広義積分値が 0 次連続だとはいえない．それでも各 ξ に対して $S_{0,\xi}(x)$ における積分が x に関して 0 次連続であるときは次のことが成り立つ．

広義積分が極限値 A をもてば極限関数の
広義積分は A 以下の値をとる． …(*)

ところで尋常な集合は変動漸近列を伴うが，非負値関数 f の広義積分は懸垂域に対する広義の度量である．さらに f が ξ ごとに $S_{0,\xi}$ 上で 0 次連続であるとき，その懸垂域が変動漸近列を構成するかどうかが問題になる．そしてその核心部分が iii)，すなわち断面積の (ξ, x) に関する 0 次連続性である．当たり前といえば当たり前，しかし条件が過剰だとはいえまい．

その理由をまずは旧来的な視点から解説しよう．パラメータの変域が閉区間や Ξ すなわち自然数の逆数と 0 からなる集合のとき，積分の 0 次連続性のもとでは広義積分の 0 次連続性はグラフの断面積の (ξ, x) に関する 0 次連続性と同値だ…と「Dini の定理」は帰結する．

積分の 0 次連続性を無視して広義積分の 0 次連続性を望むのはそもそも過剰な期待である．ところで本書のスタンスではどうなるか？ 0 次連続性は ξ ごとではなく (ξ, x) に関して判断するのが自然なのである．

2. 広義積分と極限の関係

以下では特に断らない限り，$(0, 1] \times (0, 1]$ の部分集合上の関数をパラメータ x のもと y について広義積分する．

まず次の例で $x \to 0$ における ϕ の極限値が 0 であれば極限の積分は 0 である．ところで $\phi(x) = x$ の場合に原始関数値 $\left[\mathrm{Arctan}\, \dfrac{y}{x}\right]$ の差は $\dfrac{\pi}{2}$ に収束するので 0 にならない．

例 20-1

$$f(x, y) = \begin{cases} \dfrac{\phi(x)}{x^2+y^2} & \cdots\ x \neq 0 \text{ のとき} \\ 0 & \cdots\ x = 0 \text{ のとき．} \end{cases}$$

f の優関数 (上界をすべての x に対して共通にとったもの) の積分値が無限になることが原因だというのがルベーグ積分に依拠した理由づけである．一方で $\phi(x) = \dfrac{2x}{2-\log x}$ の場合に広義積分値は 0 に収束する．しかし優関数は $f(y, y)$ 以上であり，後者の原始関数 $-\log(2-\log y)$ ですら $y \to +0$ に伴って $-\infty$ に発散する．

例 20-2

$$f(x, y) = |y-x|^{-\frac{2}{3}}.$$

f の値が ∞ に向かう点が平行移動するので共通上界は ∞ であるが，広義積分値は収束する．また y のところを $\dfrac{\sin(xy)}{x}$ に変えても，平行移動ではないが同じ結論に至る．

旧来はパラメータを番号で表す設定が多く扱われていたが，優関数

の広義積分が発散するという性質を保ったまま番号を選ぶことも可能である.「広義積分と極限を入れ替えていいかどうかは感覚的に分かる」…? そんな甘いものではない. もう少し複雑な例を考えよう.

例 20-3

$$f(x, y) = y^{a-1}|y-x|^{b-1}.$$

極限関数の広義積分はまず $a+b>1$ のとき $\dfrac{1}{a+b-1}$ である. 逆に $a+b \leqq 1$ のときは有限値をとらず,（*）により広義積分の極限値も同じ帰結に至る. 以下前者のケースをもっと掘り下げる.

広義積分の極限の方はもっと詳細な検討を要する. 問題点は次の広義積分に集約する.

例 20-4

$$f(x, y) = x^{1-(a+b)} y^{a-1} |y-x|^{b-1}.$$

まず $0 < y \leqq x$ においては $y = sx$, $x < y \leqq 1$ においては $y = \dfrac{x}{t}$ とおく. その結果次のようになる.

$$\int_0^1 f(x, y) dy = \int_0^1 s^{a-1} |1-s|^{b-1} ds + \int_x^1 t^{-a-b} |1-t|^{b-1} dt.$$

実はここで**ベータ関数** B というのを使うと前半項は $B(a, b) = \dfrac{\Gamma(a)\Gamma(b)}{\Gamma(a+b)}$ となり, 後半項も $B(-a-b+1, b)$ に収束する.

そういううんちくがなくても十分小さい正数 s に対しては

$$s^{a-1}|1-s|^{b-1} \leqq 2^{|b-1|} s^{a-1}$$

となるので, $s \to +0$ においては広義積分の誤差をいかようにでも小さ

くできる．また他のところも同様に処理できる（同様のことは f として x と y の1次式の実数乗をいくつか掛けておいても変わらない）．

こういった事情で a と b が共に -1 より大きいとき以外は広義積分が ∞ となる．しかし極限関数の側は有限値 $\dfrac{1}{a+b}$ のままである．広義積分に関して「有限と無限の区別は分かる」や「0 と正値の区別は分かる」といった言い訳もあるが，こういった関数を2つ加え合わせることで0でない2つの有限値の比較に帰結することもある．しかしこれしきで納得するようではユーザーの沽券に拘わる．曰く「足すのは不純だ！」．

3. 納得しないユーザーのために

これまでいろいろ見てきたように素朴な思いつきは往々にして裏切られる．そこで提示された例をかいくぐる理由を探してきても，新たな例によって覆される．そして理由が込み入ってくるにつれ，覆す例も一段と複雑になってくる…．さてさて，足すのが不純だといわれるとこんな例を捏造することになる．

例 20-5

$$f(x, y) = \left(\frac{y + \lambda x^{\frac{1}{2}}}{y^2 - yx} \right)^{\frac{2}{3}} \quad (0 < y < 1).$$

曲者なのが分子の $y + \lambda x^{\frac{1}{2}}$，$\dfrac{2}{3}$ 乗した結果を $y^{\frac{2}{3}} + (\lambda x^{\frac{1}{2}})^{\frac{2}{3}}$ に置き換えると分配できるのだが…という辺りがヒント．一般に正数 A, B に対して $(A+B)^{\frac{2}{3}} \leq A^{\frac{2}{3}} + B^{\frac{2}{3}}$ であることに注目すると，この置き換えは大きめに見積もっていることが分かる．

もう少し追跡すると第1項側の広義積分は

$$\int_0^1 \left(\frac{1}{y-x} \right)^{\frac{2}{3}} dy = \int_{-x}^{1-x} \left(\frac{1}{y} \right)^{\frac{2}{3}} dy$$

となり，その極限値は極限関数の広義積分値 3 に一致する．

一方で第 2 項側は

$$\int_0^1 \left(\frac{\lambda x^{\frac{1}{2}}}{y^2-yx}\right)^{\frac{2}{3}} dy = \lambda^{\frac{2}{3}} \int_0^{\frac{1}{x}} s^{-\frac{2}{3}} |1-s|^{-\frac{2}{3}} ds$$

となり，その $x \to 0$ における極限値は前の例のときに解説したように，λ が 0 でない限り 0 にならないことはすぐ検証できる．

では $y^{\frac{2}{3}}+(\lambda x^{\frac{1}{2}})^{\frac{2}{3}}$ という見積もりが大きすぎるかというと実はそうでもない．第 1 項側の広義積分は $y \leqq x^{\frac{1}{2}}$ においては $3x^{\frac{1}{6}}$ となり，$x \to 0$ のときの寄与は 0 である．同様に第 2 項側のものも $y \geqq x^{\frac{1}{2}}$ においては $3\lambda^{\frac{2}{3}} x^{\frac{1}{3}} |1-x^{\frac{1}{2}}|^{-\frac{2}{3}}$ 以下であり，寄与は 0 である．

つまり $y \geqq x^{\frac{1}{2}}$ においては第 1 項，$y \leqq x^{\frac{1}{2}}$ においては第 2 項…と小さめに見積もったものは単純和によるものとの差が $x \to 0$ においては 0 に近づく．結局のところ第 2 項の分だけ極限関数の広義積分より大きいのである．

これで一件落着といきたいところだが，筋金入りの（？）ユーザーは数値計算するであろう．そしてこんな反論が来そうである．「計算上では $x \to 0$ のとき増加していくので，もっと小さい値に収束すると判断するはずがない」

そこで見直してみると λ は x に依存していても妨げにならない．f 自体の広義積分を捉えるのは難しいが，極限値を変えない小さめの見積もりが $x \to 0$ のとき単調減少するようにはできる．そういう状況では数値計算上も減少傾向が見えるであろう．

そこで $\lambda x^{\frac{1}{2}}$ の部分を $x^{\frac{1}{2}}+x^c$ に変更してみる．c は本題の趣旨を損なわないため $\frac{1}{2}$ よりも大きく，また小さめの見積もりを単調減少にするため $\frac{2}{3}$ よりも小さく（$\frac{3}{5}$ などと）とる．

これですべてのユーザーを納得させられるのか．いや，世に言い逃れの種は尽きまい．

4. 広義積分に関する累次積分

広義積分に関して極限の交換を済ませたところで，残る累次積分に取りかかろう．

例 20-6

$$x>0,\ y>0,\ x+y\leqq 1;\ f(x,y)=(xy)^{-\frac{1}{2}}.$$

とりあえず計算してみよう(途中で x を $\dfrac{1}{1+u^2}$ に置換積分している)．

$$\begin{aligned}
\int_0^1\left(\int_0^{1-x}(xy)^{-\frac{1}{2}}dy\right)dx &= \int_0^1\left[2\left(\frac{y}{x}\right)^{\frac{1}{2}}\right]_0^{1-x}dx \\
&= \int_0^1 2\left(\frac{1-x}{x}\right)^{\frac{1}{2}}dx \\
&= \int_\infty^0 -4u^2(1+u^2)^{-2}du \\
&= \left[\frac{-2u}{1+u^2}\right]_0^\infty + \int_0^\infty \frac{2}{1+u^2}du \\
&= [2\arctan u]_0^\infty \\
&= \pi.
\end{aligned}$$

こんな計算で広義積分を求めたことになるのだろうか…，と気になるようになったら前節までに随分脅かされてきた(？)成果，殊勝な心掛けである．しかし累次積分の方は多変数の広義積分に適用して誤った結論に至る状況を想像しがたい．

まず2変数の広義積分がこの値以下であることを知るには定義域を少し削って積分にすればよい．そうすればその値は累次積分で与えられるので，累次積分の極限値が2変数の広義積分以上であることが分かる．

一方で正数 δ に対して $[\delta, 1]$ における f の y に関する積分は任意の

正数 ε に対して $(x, \delta) \in [\varepsilon, 1] \times (0, 1]$ の範囲で 0 次連続である．このことからして計算値 π にいくらでも近い値が f を $x \geq \varepsilon, y \geq \delta$ に制限した区域で積分した値により得られる．一般的な論理は姉妹編で追って頂きたい．

5. 広義積分の総括

「広義積分」は本書の方式と旧来のものの違いが顕著に表れるところである．想い起こせば両者の分かれ道は第 3 章，連続性の解釈に始まる．旧来のものは「各点」発想，本書のは「一様」発想である．どちらにしても（あるいはもっと加工した解釈でも）そこそこの結論は導かれる．そうでなければ解析学の体をなさない．

・「各点」は「一様」より該当対象が広汎である．しかし積分を捉えるには一様連続に頼ることになる．そこから外れたものは広義積分となる．

広義積分では極限との関係や，累次積分の処理には注意が必要になる．そこで各点連続よりもさらに広い世界に解決を求めたのがルベーグ積分，一様連続の文脈で記述したのが本書である．

どちらの立場でも広義積分の累次積分は全変数の広義積分に一致する．さらに，全変数のものは累次積分表示できる…とルベーグ積分はいう．本書の立場ではそれは誤りとなる（そもそも「広義」以前，積分の段階でも保証できない）．

極限との関係について本書流では「広義」以前の段階で極限との関係が円滑であることを前提とする．その前提下で広義積分が極限移行を許容する条件は第 1 節で述べた通りである．

一方ルベーグ積分では極限とは無関係な優関数条件が持ち込まれ，本書流とは適用範囲に差異がある．そして上の理由により，ルベーグ積分のみが保証するケースはルベーグ積分に特有の解釈に依拠している．ついでながら相対次元の度量に直積の原理を保証するにはルベーグ積分を支えた加算無限算法が足かせとなる．

第21章 「1変数の広義積分」と極限の関係

　前章では広義積分の極限や累次積分について論じたが,「1変数の広義積分」に対しても同様のことを考えたいと思うのは無理からぬことである．ただ後者についてはそれを支えるべき「1変数の広義積分」の多変数版は現存しない．のみならず前々章に述べた通り,それを構築することは無謀であるといわざるを得ない．

　この事情を背景に,ここでは「1変数の広義積分と極限の関係」について考察する．もちろん非負値の関数であれば多変数の意味でも広義積分となって前章の結果の適用を受ける．それ故にここでは正負の値が入り乱れた関数を想定している．

1. 多変数版の圏外を散策

　簡単のため以下ではパラメータ空間 X として閉区間 $[0, 1]$ の部分集合で 0 を含むもの（典型的には $[0, 1]$ そのもの,あるいは自然数の逆数全体 Ξ_0 に 0 を付加した集合 Ξ ）をとり, $x=0$ の近辺の様子を考える．また積分方向の変数を y と表すことにする．

　「1変数の広義積分」の華は原始関数自体が初等関数にならないのに全域での広義積分が複素関数論を用いて得られるというものであるが本書の範囲に収まらない．

　そこでもっと卑近な関数を扱おう．「1変数の広義積分」は要するに原始関数の極限値である．以下では最初に関数 f の y に関する原始関数 F が与えられた状態から考える．

例 21-1

$$F(x, y) = y(y^2+1)^{-1}\sin y.$$

$f(x, y)$ はというと $(1-y^2)(y^2+1)^{-2}\sin y + y(y^2+1)^{-1}\cos y$ であり，第 1 項は多変数版の適用範囲に入る．しかし第 2 項がそうはならず，全体として多変数版の適用範囲から外れる．

一方で原始関数 F の（$y=0$ における）値は 0 になる．これはもちろん 1 変数に特有の解釈に立脚している．パラメータ x が関与していないのが不満なら，y と書いたところをすべて $y-x$ に取り替えるまでである．

この例のように定義域が有界でない場合でも（この例では変数を $y=\tan\theta$ などと）変換することで定義域を有界区間に直すことができる．

以下 $Y = [0, 1]$ とし，積分変数の空間 Y_0 として Y の両端点を除いたものを考える．ここで扱う $X \times Y_0$ 上の関数 f は次の性質をみたすものとする．

Y_0 の点 p, q ごとに f は $X \times [p, q]$ 上で **0 次連続**である． …(∗)

ここで $1/2$ を起点とする f の y に関する不定積分の値を $F(x, y)$ と表す．その結果 F も (∗) をみたす．また，f の $[p, q]$ 上の定積分を 3 変数の関数 $\phi_{[p,q]}(x)$ で表す．F, ϕ のいずれも，Y 座標が 0 または 1 のときはその極限値を充てる．このとき広義積分は $\phi_{[0,1]}(x)$ と表される．

ところで F に対して次のことを仮定する（これは X が Ξ のときは広義積分が存在する限り自動的に保証されている）．

正数 δ ごとに ϕ は $x \geq \delta$ の範囲で 0 次連続である …(!)

2.「HUMAN」な設定

　広義積分とは $\phi_{[0,1]}(x)$ のことであるが，その扱いはいささか微妙な扱いを要する．そんな不安な設定はできれば避けたい，…そう思うのも人情といえよう．そうなると結論として想定される要求を認識する必要がある．これは 1 通りとは言えないが，段階を追って次のようなものが想定される．

　　① $\phi_{[0,1]}(x)$ は 0 次連続
　　② $F(x, y)$ は y ごとに 0 次連続
　　③ $F(x, y)$ は 0 次連続

この他「$\phi_{[p,q]}(x)$ は (3 変数に関して) 0 次連続」などもあるが，結局③に一元化できる．②は y が 0 と 1 のとき以外は f の 0 次連続性から自明であり，焦点となるのは極限状態を指すこの 2 つの値のときのみである．

例 21-2

$$F_1(x, y) = \mathrm{Tan}^{-1} \frac{y}{x}.$$

ちなみに $f_1(x, y) = \dfrac{x}{x^2 + y^2}$ である．したがって $\phi_{[0,1]}(x)$ すなわち広義積分値は極限関数 0 の広義積分 0 とは異なる極限値 $\dfrac{\pi}{2}$ をとり，①もみたさない．

第21章 「1変数の広義積分」と極限の関係

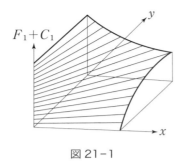

図 21-1

例 21-3

$$F_2(x, y) = F_1(\lambda x, y) + F_1(x, 1-y) \quad (\lambda > 0).$$

$F_2(x, 1)$, $F_2(x, 0)$ の極限値はいずれも $\frac{\pi}{2}$ なので，その差は極限関数 $F_2(0, y) = 0$ における差と一致する．すなわち①をみたすので広義積分の列は極限関数の広義積分に収束する．しかし②はみたさない．

蛇足ながら①では $F(x, 0)$, $F(x, 1)$ が $X-\{0\}$ において 0 次連続であることさえ保証しない．実際に $\lambda = 1$ のときの F_2 に x^{-1} をかけたもの F は $x \to 0$ に際して，$\phi_{[0,1]}(x)$ は 0 のままであるが $F(x, 0)$, $F(x, 1)$ は ∞ に発散する．

例 21-4

$$F_3(x, y) = \frac{xy}{x^2+y^2}.$$

この関数は 0 でない y を固定するごとに 0 次連続である．また $f_3(x, y) = x(x^2-y^2)(x^2+y^2)^{-2}$ であることから，その極限関数は 0 であり，その積分は 0 次連続である．すなわちこの例は②までクリアーするが③はみたさない．

ところでこれまでのことは $F(x, 0)$ や $F(x, 1)$ が把握できているという立場でのとらえ方であるが,現実的には「広義積分」はそれ自体が極限値であり,「積分」そのものに比して副次的な存在である.それゆえ以下では「広義」でないものを基準に論じる.

まずは例 21-3 を題材に,少々楽天的なことを考えてみよう.このとき $[p, q]$ における積分は次の式で与えられる.

$$F_1(\lambda x, q) + F_1(x, 1-q) - F_1(\lambda x, p) - F_1(x, 1-p).$$

このうち最初と最後の 2 項の和は $\mathrm{Tan}^{-1} \dfrac{x}{1-p} - \mathrm{Tan}^{-1} \dfrac{x}{\lambda q}$ となり,$(0, 0, 1)$ の近辺では 0 次連続である.また残る 2 項は $1-q$ を r とおいて $\tan$ の加法公式を適用する.それを整理すると次のようになる.

$$\mathrm{Tan}^{-1} \frac{x(r-\lambda p)}{x^2 + r\lambda p}.$$

ここで $\lambda p = r \,(=1-p)$ の関係を保ったまま (p, q) が変化すると,この部分は 0 となる.つまり $[p, 1-\lambda p]$ における積分は $(0, 0)$ の近辺では (x, p) に関して 0 次連続となり,$\phi_{[0,1]}(x)$ はその極限値として得られる.

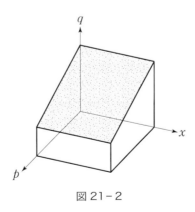

図 21-2

こういう筋道に沿えば広義積分を直接は扱わないまま,その 0 次連続性が導かれるという淡い期待を抱くのも無理からぬことである.し

かしこの例でも λ 以外の正数 μ に対して $r = \mu p$ では

$$\mathrm{Tan}^{-1} \frac{x(\mu-\lambda)p}{x^2 + \lambda\mu p^2}$$

となり，$p = kx$ 上での極限値は k に依存してしまう．

つまり積分値が (x, p) に関して 0 次連続になるような絶妙な関係を見つけるにはケース・バイ・ケースの職人技が要求される．

3. とらぬ狸

広義積分が目標値に収束するケースには今し方のような職人技で一件落着かというとそんなに甘いものではない．

例 21-2 は極座標で表すと $F_1(r\cos\theta, r\sin\theta) = \theta$ であるが，例 21-4 では $F_3(r\cos\theta, r\sin\theta) = \sin\theta\cos\theta$ である．その結果，後者における $\phi_{[p,q]}(x)$ は q が 1 にどのように近づいても大同小異であるが，p はどう定めようとも 0 に近い点 x の取り方次第で極限値 0 からかけ離れた値 1 を取り得る．このように p と q を等号によって関係づけ，0 次連続関数の制限を根拠にするという手法は根本的に挫折する．

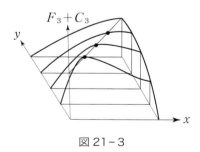

図 21-3

そういうわけで③でないときは条件に忠実に表すことを考える．ただ①の場合は少々複雑になるので，手始めに②について考えてみよう．これは $y = 0, 1$ のケースを考えればいいので，簡単のため $F(x, 0)$ が

$x \to 0$ に関して $F(0, 0)$ に収束するための必要十分条件を考えてみよう．

それは結局のところ「$(X-\{0\}) \times \{0\}$ の $(X-\{0\}) \times Y$ における近傍 U を適切にとることにより，$F(x, y)$ が次の集合において 0 次連続になること」と捉えることができる．

$$S = (U \cap ((X-\{0\}) \times Y_0)) \cup (\{0\} \times Y_0)$$

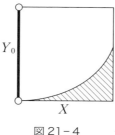

図 21-4

0 次連続性は境界にまで拡張できるので，この性質が十分条件であることは明白である．一方で $F(x, 0)$ が 0 次連続であるときには U の x 断面を $F(x, y)$ の値の差が x 以下になるように，またその断面が $x \to 0$ に伴って包含関係に関して単調減少になるようにとればよい．

この取り方で 0 次連続にならなければ，そのときは $F(x, 0)$ が $F(0, 0)$ に収束しないまでのことである．もちろん例 21-4 で見たように x が 0 に近いあたりに注目すると断面を x に関して一定にとることはできない．

U という不確定さに加えて $\{0\} \times Y_0$ という無粋な補足部分がついているが，とにかく必要十分条件である．実際的には $x = 0$ のときだけは広義積分値までよく把握できているという設定も重宝であり，そのときの補足部分は $\{0\} \times Y_0$ の代わりに $\{(0, 0)\}$ でもよい．

いずれにせよ補足部分が必要だという無粋さは②という問題意識に起因しているといわざるを得ない．ちなみに極限値を特定しない設定のものは補足部分抜きに $U \cap ((X-\{0\}) \times Y_0)$ における 0 次連続性と捉

えられる．これで②を「広義」でない積分の条件で記述することはどうにかできた．

とはいうもののこの条件は「0次連続性は変数全体で捉えるべきだ」という微積分の基本からは外れている．どうせ外れるなら①すなわち f の広義積分 $\phi_{[0,1]}(x)$ が $x\to 0$ に関して $\phi_{[0,1]}(0)$ に収束するための必要十分条件にこだわってみよう．

それは「$(X-\{0\})\times\{0\}\times\{1\}$ の $(X-\{0\})\times Y^2$ における近傍 U' を適切にとることにより，$\phi[p,q](x)$ が (x,p,q) に関して次の集合において0次連続になること」と捉えることができる．
$$S=(U'\cap((X-\{0\})\times Y_0^2))\cup(\{0\}\times Y_0^2)$$

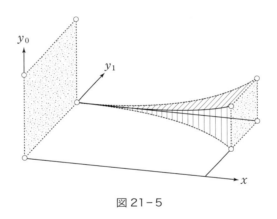

図 21-5

要するに②と同工異曲の結論であり，証明もそれをなぞるばかりである．

結局のところ1変数独特の広義積分と極限の交換には多変数の「非コンパクト集合」上の0次連続性が要求されている．これを旧来風に各点連続の文脈で記述しようとすると「閉包」上で論じることになり，(形式論理の段階で既に)結論そのものを条件に取り込む羽目になる．

第22章　写像の度量と積分（有向版）

　第15章において曲線の長さや曲面の面積を一般化して相対次元の度量について論じた．ところで伝統的な立場では曲線・曲面に関しては集合としての軌跡ではなく運動を表す写像と捉えており，思考対象は有向版と無向版の2つがある．

　この両者のうちで需要の多いのは有向版の方である．これは単純に言えば「被覆度」なるものの広義積分である．ただ何ぶんにも広義積分であるから悩みも多い．それを反映して，以前の連載（2000年2月号から12回）から姉妹編までは少々変形して20世紀思想に歩み寄ったものを採用していた．そのため定義域の単体分割すべてに関する「極限」と捉えている．しかし複雑に変化する「すべての分割」を把握するのは実行上至難であり，一般的な設定の下では（上界値が1つ見つかったところで）極限を捕捉するのは現実的とは思えない．そのため2回目の連載（2012年10月号から2014年7月号）では写像としての「面」については触れないでいた．そこで本書では思い切って「被覆度の広義積分」という単純明快な方式を採用することにした．

　ここで本書が立脚する「単純明快」の判断基準を述べておこう．今指摘したような「すべての分割」といった手段は人為のなせる技である一方で，空間と同じ次元の度量は天与の対象だと思われる．また積分の極限状態である広義積分は天与のものの延長線上に浮かび上がるものであり，積極的に為したものでもないであろう．問題の元凶は「極限」自体よりも，極限をとりたい列の構成にあると考えるものである．

第22章 写像の度量と積分（有向版）

まずは線分・3角形・4面体の一般次元版を単体，これらを有限個表面単体どうしで貼り合わせたものを複体と称する．そこで R^n に埋め込まれた n 次元複体 X から $Y=R^m$ への0次連続写像 ϕ を考える．ここではかなり思い切った変更のもとで，まずは有向版について論じる．その結果，旧来的な立場の読者はもちろん姉妹編の読者にも注意が必要な定式化であることを予め断わっておく．

1. 境目のう̇ち̇そ̇と̇と有向度量

以下この章では特に断らない限り $m=n$ とする．実はこの話題の芽は第5章「0次同相埋め込みと逆写像」に顔を見せ始めている．ϕ はどこを覆い，どこを覆ってないのか？

手始めに0次同相埋め込みのケースを考えよう．このときは $Y=R^m$ の点 P が X の境界 ∂X の像から少しでも離れているときに，ϕ による像になっているのかどうか如何にして判断するのか．また0次同相埋め込みでないときには表向き・裏向きを交えて幾重にも覆われる具合をどうやって把握できるか．

それには X を小単体に分割して各小単体の像の差し渡しが ∂X の像と P との距離より小さくなるようにする．しかる後に各小単体上では1次式で表され，かつ各境界の像が P から正の距離をもつように ϕ の近似写像 ψ を作る．

その結果，各部分の写り方には $\det \psi$ の正負により表向きと裏向きの区別ができる．そこで P を覆う表向き（正）のものと裏向き（負）のものの個数の差を考える．この値は φ の近似写像 ψ のとり方によらないので P における ϕ の**被覆度**と呼ばれる．

この値が 0 でなければ ϕ による像と考えてよい（しかし一般的には被覆度が 0 だからといって ϕ の像の点でないというわけにはいかない）．特に ϕ が 0 次同相埋め込みのときの写像度の値は「内部」では 1 または -1 で「外部」では 0 になる．

第22章 写像の度量と積分（有向版）

例 22-1

$$X = [0, 1] \times [-1, 1], \quad \phi(x_1, x_2) = (x_1^2, x_1 + x_2)$$

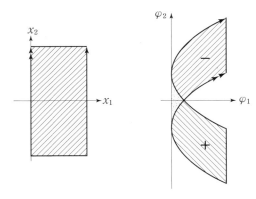

図 22-1

もちろん被覆度が2以上の値をとることもあるし，ある点の周りで「巻き付いている」ケースもあり，これは後にひどくデリケートな状況を醸し出すことになる．

例 22-2

$$X = [-1, 1]^2, \quad \phi(x_1, x_2) = (x_1 x_2, x_1^2 - x_2^2).$$

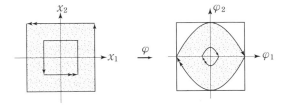

図 22-2

次に ϕ の有向度量という概念が出現する．これは一言でいえば被覆

度の広義積分であるが，いろいろと注意しなければならないことが続出する．そこで当面はそういった問題点を洗い出すことから始めよう．

問題点の皮切りは被積分関数である被覆度が ∂X の像を境にして本質的に不連続であること，そしてそもそも被覆度の定まらない点が存在することである．それでは困ると多くの人は思うであろう．ただ被積分関数は(広義)積分するのが目的であるから被覆度の定まらない点のなす集合は度量が 0，換言すれば ∂X の像の度量が 0 であれば広義積分の定義に影響しない．もっとも定義域を分割していくことに配慮してもう少し一般的に，「度量が 0 の集合に対してその像の度量が 0 であること」を要請する（第 8 章の例 8-3 はそうでない例）．今後はこの性質をもつ写像のみを考える．ただ断っておくが，この性質だけで有向度量の存在を正当化できるわけではない．その基盤にある「広義積分」はデリケートな対象なのである．

ところで定義域 X は n 次元単位球 B^n（原点からの通常の意味での距離が 1 以内にある点の全体）など丸いものも許容したい．これに関しては X から単体への 1 次同相写像で変数変換しておくことにする．この変換は「度量が 0 の集合に対してその像の度量が 0 であること」を保存していることに注目しよう．

2. 有向度量と有向積分

写像 ϕ が与えられた状況では，X 上の 0 次連続関数 f に対して f の ϕ に関する有向積分 $\int f d\phi$ という概念が必然的に出現する．ところで通常の教科書では ϕ は X と同次元以上の空間 R^m への写像に，また積分されるべき関数 f は定義域を R^m の中にとっている．実用上はそのような設定にとらえられることが多い．しかしこれは R^m から R^n への正射影 π を用いて $\int f \circ \phi\, d(\pi \circ \phi)$ と捉えることにより，自動的に本書の設定に読み替えることが可能であるし，概念構成上その方が簡明である．

そこで本書では**有向積分** $\int f d\phi$ とは f の φ に関する**懸垂写像** Φ の有向度量のこととする．ここに Φ は $\Phi(x,u) = (\varphi(x), uf(x))$ で与えられる．それでは ϕ の**有向度量** $v(\phi)$ とは何かと問われれば，それは被覆度の広義積分（が存在すればその値）である…と宣言する．

まず例 22-1 では ϕ の有向度量は $\pm$ 差し引き 0 である．また 1 次元では ϕ の有向度量は ϕ（右端）$-\phi$（左端）となり，例 22-2 では $-\dfrac{16}{3}$ となる．この方式は X を単体分割したときにも各単体に制限したものに対する値の総和が分割方法に左右されないのが嬉しい．細分の極限状態を考えるまでもなく最初の定義域で考えれば十分なのである．

極限に持ち込んだ少し作為的な例に当たっておこう．

例 22-3

$$X = [0,\ 1],\quad p > 0$$

$$\phi(x) = \begin{cases} x^p \cos \dfrac{\pi}{x} & \cdots x \neq 0 \\ 0 & \cdots x = 0. \end{cases}$$

---

x の値が自然数 k の逆数になるたびに定義域を区切ってみると，分割でできた区間 $\left[\dfrac{1}{k+1},\ \dfrac{1}{k}\right]$ の像は度量（長さ）が $k^{-p} + (k+1)^{-p}$ となって毎回反転して重なっていく．まず $p \leq 1$ のとき，この度量の和は有界にならない．一方で $p > 1$ のときこの和は有界である．この例を 2 次元にリメイクしてみよう．

例 22-4

$X = [0,\ 1]^2,\ p > 0$

$(\phi_1(x_1, x_2),\ \phi_2(x_1, x_2)) = \left(x_1 x_1^p \cos \dfrac{2\pi}{x_1},\ x_2 x_1^p \sin \dfrac{2\pi}{x_1} \right) \cdots\cdots x_1 \neq 0$

$\phi_1(0, x_2) = \phi_2(0, x_2) = 0.$

第22章 写像の度量と積分（有向版）

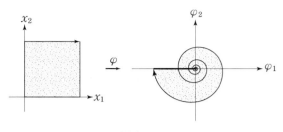

図 22-3

　この写像を $x_2 = 1$ に制限したものはある種の螺旋であり，その第 1 座標方向への投影が例 22-3 である．ところで ϕ を $x_2 = 0$ に制限すると像は $(0, 0)$ になり，x_1 を固定するごとに像は $(0, 0)$ から放射状に延びている．この例でも x_1 の値が自然数の逆数になるたびに定義域を区切ることにすると，分割で出現した短冊の像は $(0, 0)$ の周りを定義域側とは逆方向に一周しており，写像度の絶対値は原点の近くに行くほど限りなく大きくなる．

　ところで短冊の像の度量は k^{-2p} に比例する程度の大きさになる．まず $p > 1/2$ のときその総和は有界となり，このことから ϕ の有向度量も有界である．またこの値は $\dfrac{x_1^{2p}}{2} \cdot d\left(\dfrac{2\pi}{x_1}\right)/dx_1 = \dfrac{-\pi x_1^{2p-2}}{2}$ の $(0, 1]$ 上の広義積分すなわち $\dfrac{-\pi}{2p-1}$ と結果的に一致する．ところでこの値は 0 次連続関数 $\phi_2(x_1, 1)$ の写像 $\phi_1(x_1, 1)$ に関する有向積分と解釈することもできる．一方で $p \leq \dfrac{1}{2}$ のときその総和は有界にならない．

　有向度量を考える動機の最たるものは有向積分である．その有向積分に関して最初に浮上する問題は一般的な 0 次連続関数に対してその値が正当化できるかどうかであり，次いで当然のように要求されるのは被積分関数に関する線形性である．ところが今見たように前者は一般的には成立しない．しかし f に制約をつけるのは本意ではない．ϕ に対してだけ納得のいく条件をつけて何とか正当化したい．それには次章の「無向度量」の助けが必要になる．また付加される条件は定義

域 X を座標平面によって分割したときに生じるあらゆる矩形□に対して，ϕ を制限したもの $\phi_{□}$ に対して要求される．

3. 有向積分

有向積分は懸垂写像 Φ の有向度量であるが，例 22-4 のようにデリケートなことが生じる．その遠因は有向積分の定義が広義積分に依拠していることにある．まず被積分関数は広義積分可能な非負値の関数の差でなければならないことを思いだそう．そこで問題になるのは被覆度 ν のみならず，その絶対値 $|\nu|$ の広義積分 $\int |\nu|dy$ である．これは姉妹編に述べた意味で「切断」であるが，実効切断（旧来の感覚で言えば有限値をとる）かまたは ∞ であるとは限らない．そこで矩形□ごとに $\phi_{□}$ に関して $\int |\nu_{□}|dy$ が実効切断である（旧来の感覚で言えば有限値をとる）ことを前提にしよう．

一般的に有向積分が存在する条件はもう少し複雑である．まずは，$\int |\nu_{□}|dy$ の総和 $\Sigma_{□}$ をとり，この値の分割に関する上限値 $|\phi|$ が実効切断になるなら，連続関数 f の ϕ に関する積分は一般的に実効切断になる．このように $|\phi|$ は積分を考えるときに安心材料を提供する指標であるので，仮に ϕ の **絶対値度量** と呼ぶことにしよう．これが ϕ の「無向度量」の名に値するかどうかは当面保留することにして，いかなる矩形□に対しても無向度量がこの絶対値度量よりも小さくならないことが望まれる．ところで $m=n$ に限らず一般的に「無向度量」を規定したときには **「絶対連続」** という概念が出現する．それは次のことをいう．

> X を座標方向に区切った矩形の（有限個の）集合体 S に ϕ を制限するとき任意の正数 ε に対してうまく正数 δ を選ぶと，ϕ を度量 δ 以下のいかなる S に制限したときも $\phi|_S$ の「無向度量」が ε 以下になる

この条件をみたせば「度量が 0 の集合に制限すると度量が 0 である」が自動的に導かれる．ところで写像の無向度量は一般的には相対次元の度量を基盤とするので，「無向度量」として何を想定しても一般的には確定値を意味せず，「##以下」はその文脈で捉えるべきものである．

さてこれから話題になるどの「無向度量」に関しても，ϕ が絶対連続であれば ϕ の度量は有限である．すなわち，関数 $\delta(\varepsilon)$ が与えられたとき X を (n 次元の) 度量が $\delta(1)$ 以下の矩形で覆っておく．ここで被覆に用いた矩形の個数を N とするとき，ϕ を各破片に制限したときの無向度量を集計した値は $N \cdot \delta(1)$ 以下である．このことから被覆度が 0 でない区域の度量を集計した値は N 以下である．絶対連続でない写像の典型例が例 8-3 に挙げた Cantor の階段関数である．この例では抜き去った開集合の補集合であるカントール集合の度量は 0 であるが，その像は度量が 1 である．この事情はこの関数に x を加えて 0 次同相埋め込みになるように変形して 0 次同相埋め込みにしても解消されない．

ところで，「絶対値度量」$|\phi|$ に「仮に」と冠することは首肯できない，すなわち「無向度量」という名がふさわしいという声が出てくるかも知れない．しかし著者は「無向度量」という名をこの値に冠することを躊躇する．まず，この定義では 1 変数の 2 項写像でさえ適用できない．「無向度量」を謳うなら $m = n$ という制約は解消されるべきであると考える．さらにいえば，$|\phi|$ の定義には「すべての分割に関する」という一般的には定量的な把握が困難な手段を経ており，せっかく有向度量の定義を単純明快にしたのにその精神に逆行している．それゆえこのようにして出現した概念には「絶対値度量」という暫定的な名を与えるに留めたいと考えている．前節において ϕ には「度量 0 の集合の像は度量 0 をもつ」を要請したが，とりあえず「絶対連続性」は要請していなかった．それはこのような不安定な事情による．そこで「無向度量」については次章で考察することにする．

第23章　写像の度量と積分（無向版）

　写像の度量を考えるに当たって考慮に入れるべき点を列挙してみよう．手始めとして1次連続（旧来的には C^1）写像に対しては旧来版と一致するとか，定義域を度量0の線や面などで2分割したときに加法的になるといった基本的な性質はもちろん克服しておくべきである．基本的な性質がクリアーされたときに問題になる事項として，まず有向度量については定義の簡明さがある．有向度量についてもその観点は当てはまるが，さらに $m=n$ に限定されないことが望まれる．そして両者の関係に関して焦点になるのは次に挙げる $m=n$ のときの**向きの不等式**である．

$$\left(\left|\int \nu\, dy\right| \leqq\right) \quad \int \nu\, dy \leqq 無向度量 \qquad \cdots\cdots (*).$$

　この性質は一般的には部分集合への制限に対して遺伝しない．しかし問題になるのは「いかなる矩形に制限したときにも成立する」ことであり，このことを**親向的**，またこの性質を**親向性**と称する．

　そこでこれまでに出現した方式の星取り表を書いてみよう．

	親向性	有向	無向	
			簡明さ	次元の一般性
A	○	△	△	○
B	△	○	△	×
C	×	○	△	○

　どれも無向度量の簡明性・実行可能性に難がある．姉妹編流のAではこの難点がさらに有向度量にも及ぶ．もちろん，それが難点かどうかは好みの差だと嘯くことはできる（その意味で×はつけにくい）．ただ，有向での簡明なものがあるのにそれを歪めるのは不本意である．Bはその点を改良するため有向度量として本書のものを採用し，無向度量として絶対値度量を採用したものである．有向版は改善されたが無向版は改善されていない．さらに次元が $m=n$ に限定されるのが不満であり，その制約下での親向性では満点はつけがたい．CはAから有向度量のみ，本書の方式にしたものである．木に竹を接いだ結果，$m=n$ に限定したとき親向性が成立しないという致命的な難点が確定している．

　そこですべてに○が付くようにしたいが，それを請け合える無向度量は現時点では見つかっていない．これから導入するDでは新しい有向度量に対して親向性が一般的に成立するかどうかという点だけが未だに不明である．ただ，すべてに○が付くものが存在するなら，Dに対してもそうであろうという説得力はある（Dの測り方は大きすぎることはあっても小さすぎることはあるまい）．そしてCのとき向きの不等式のネックとなった例に対して，反例である根拠になった判断がDでは覆っている．

| D | ? | ○ | ○ | ○ |

　もしこの新しい方式で親向性が一般的に成立するなら，「絶対連続」の定義はこの定義に依拠して確定した位置を占めるといえるであろう．
　「無向度量」はなかなか一筋縄にはいかない代物であり，「絶対連続性」もそれに引きずられた概念である．そこで当面は大ざっぱに捉えて

おこう.まず,$m=n$という条件を外す.球面などの曲面を想定すれば当然のことであるが,それでも一般的には自己交叉や折り返しなど気になることには事欠かない.さらに例 14-6 すなわち円柱に対する「Schwarz の提灯」など,素朴な感覚が必ずしも通用しないことまで留意しなければならない.

新しく考え直すには失敗例の検証が必要であろう.まず「無向度量」について姉妹編版の定義を再掲しよう.

> S の中の複体 K に対してそれを構成する単体の ϕ による像の (n 次元の) 度量を総計した値の K に関する上限を ϕ の無向度量という.

この定義は n 次元の度量に立脚している.姉妹編では「有限個による被覆」という立場に立つが,いろいろなバリエーションが考えられる.ちなみに旧来的には「度量」ではなく「ルベーグ測度」,有限個の代わりに加算無限個である.しかし (いずれの立場にせよ) 被覆に頼る限りは,絶対連続性をみたしたとしても被覆度の絶対値が広義積分可能であるとは保証できず,当然のことながら親向性をみたさないのである.

まずはいささか極端な例ではあるが,例 8-2 で扱ったケースでは分割区間の像の度量を集計した値は分割が進むたびに r 倍 (一定値) になっていく.この「戻り率」は分割スケールの符号が負になるときは 1 より大きくなるので,この写像は絶対連続とはならない.それでも本書のスタンスに抵触するものではない.

この例から類推して 1 変数のときは絶対連続なら集計値は定義域のほとんどの区間で単調に変化していると思われそうだが,これは誤り.分割を進めるごとに「戻り率」が一定にならない設定を考えよう.すなわち第 k 段階目の戻り率を r_k とするとき,$1+2r_k$ の積が有界であれば ϕ は絶対連続になる (「r_k の和が有界」でも同じ).

被覆度が正になる区域,負になる区域はいずれも ϕ の像であるから,これらの度量なら単体分割が進んでも値は有界である.あとは 2 重,3

重…になっている部分の処理であるが，例 22-2 を見る限りこういう部分を 1 枚ずつにはがしていけば正の区域，負の区域における広義積分が有界になるのではないか？ しかしこの麗しい夢には決定的な障害が待ち構えているのである．

1. 新しい方式の無向度量

　新しい「有向度量」のもと姉妹編版の「無向度量」やそのバリエーションでは向きの不等式が成り立たない原因，それは対象を過小評価していることにあるといえよう．またもっと以前の方式では複雑な図形を単純な図形に置き換えて測ることを経由している．これらの方式では像の重なり具合を拾えていない．端的に言えば定義の途中で増加極限を介する方式は大き目の評価とはいうには脆弱である．「それでも極限においては求めるものを表すだろう」という発想は虫が良すぎ，向きの不等式における「大きい方の値」としての適格性には懸念がある．

　同様に $m=n$ のときの絶対値度量も増加極限を経由しており，目的のものを十分大きく測れたかどうか不安である．もちろん任意の複体に制限したときに写像度が一定符号をとる写像に対しては増加極限を必要としないが，有向度量に絶対値をつけただけなので強いて絶対値度量という概念を立てるまでもない．

　また普遍性を求めるなら「単体分割」よりも「閉集合による被覆」が優れているが，いずれにせよ親向性が種本流で崩れている以上は改良版でも崩れていることになる（この種の無制限な切り貼りに依拠する方式は「多様体愛護協会」の表現を無断借用すると「写像を虐待している」きらいがある）．そういうわけで以下では小さいめではなく大きめに測ったものの（減少）極限という発想に立って捉えることにする．以下では X 側の空間の次元 n は m と必ずしも一致しない（通常はそれ以下のものを扱うがそうでなくてもよい，それどころか強いていえば有界であればどんな部分集合でも構わない）．

　無向度量に関して「本来の」ものがあるとすれば，像の度量は一般

的にはこれを小さめに測っているであろうし，後に述べるように 0 次同相埋め込み写像といえどもあまり思い入れないことにする．ただもう少し強い条件のもの，0 次連続写像 ϕ の軌跡 $\{(x, \phi(x)) \mid x \in X\}$ の n 次元の度量 $|\phi_1|$ なら，一般的にいって無向度量を下回らないであろうという判断に立つことにする．

そこで正数 s に対して次の 0 次同相埋め込み ϕ_s を考える．

$$\phi_s : x \longrightarrow (sx, \phi(x)).$$

そこで $|\phi_s|$ の $s \to 0$ における極限値 $|\phi|$ があれば本書ではそれをもって**無向度量**と呼ぶことにする．ϕ_s の像の度量は $(s^{-1}\phi)_1$ の度量（すなわち $s^{-1}\phi$ の像の度量）の s^n 倍であり，その意味で ϕ の「本来の」度量を下回らないといえよう．まず，直積写像の度量は度量の積である．また蛇足ながら ϕ_s の代わりに $(\phi_s)_s$ と置き換えても ϕ_s のときの極限と一致する．

この定義のもとでも ϕ が 1 次連続なときは心配ないが，そうでないときは少々注意が必要である．例えば $m < n$ という異常な設定に対して，無向度量が 0 だとは保証できない．すなわち例 8-2 で扱った「有界変動」でない関数 f を用いて $\phi(x_1, x_2) = f(x_1)$ と定めると，$n = 2, m = 1$ であるにもかかわらず ϕ の無向度量は ∞ である．

2. 直積と懸垂写像における無向度量

無向度量の土台となっている相対次元の度量（第 15 章）が直積に対して値の積で与えられることから，無向度量も直積に対しては値の積で与えられる．

直積に関しては絶対連続性も遺伝する．それには ϕ_1, ϕ_2 の無向度量（の上界）がそれぞれ A_1, A_2 と与えられたとき各 i に対して X_i に対する δ_i に対して $\delta'_i = \delta_i \left(\dfrac{\varepsilon}{2A_{3-i}} \right)$ を考える．このとき結論を言うと

ϕ_1, ϕ_2 の直積 $\phi_1 \times \phi_2$ に対する $\delta(\varepsilon)$ として $\delta' = 8^{-1} \delta'_1 \delta'_2$ をとることができる.

今,度量が δ' になる $X_1 \times X_2$ の部分集合 S が与えられたとする.そこで $X_1 \times X_2$ を各座標方向に等間隔に矩形分割し,その直積(有限個)による S の被覆 S' をとる.そのとき各矩形の座標を有理数に取りながら分割を小さくすることで,S' の度量が $2\delta'(\varepsilon)$ 以下になるようにしておく.

ここで S' を構成する矩形を規定する座標値を網羅するように,各 i に対して X_i を各座標方向に等間隔に矩形分割する.それに当たっては得られた矩形を集めて度量が δ'_i 以上 $2\delta'_i$ 以下になるようにしておく.またその最小個数を N_i とする.ここで ϕ_i を制限したときの無向度量が大きくなるものから N_i 個を合併したものを U_i,残りを合併したものを V_i とする.

以下本節では上記の分割で生じた矩形の直積を単に「矩形」と呼ぶ.さて S' の度量が $U_1 \times U_2$ のもの以下であることから,S' を構成する矩形の1つが $V_1 \times V_2$ にあるときは S' を構成する矩形のどれかは $U_1 \times U_2$ に含まれない.そこで $V_1 \times V_2$ にある矩形を $U_1 \times U_2$ にあるものに置き換えていった結果を S'' とすると,$\phi_1 \times \phi_2$ の S'' への制限の度量は S' へのもの以上である.このことから S へのものは $U_1 \times X_2$ へのものと $X_1 \times U_2$ へのものの和以下になるので所期の結論を得る.

一方で一般的に正値の0次連続関数に対する懸垂写像の関連で言うと,写像の絶対連続性が懸垂写像に遺伝するとは現時点ではいえない.また無向積分を定義するに当たって,有向積分のときのように懸垂写像の像の度量と定めてしまうと歓迎できないことが起きる.

第23章 写像の度量と積分（無向版）

例 23-1

$m = n = 1$ で $\phi(x) = x$ とし，f を「有界変動」でない非負値の 0 次連続関数とする．このとき $\Phi_s(x, u) = (sx, su, x, uf(x))$ の第 2 項と第 4 項方向への射影 $(su, uf(x))$ の像に着目したとき，その度量は f の変動幅の $\frac{s}{2}$ 倍以上となる．このことから x の範囲を細分しておいてから射影すると，度量の総和は上界をもたず，$s \to 0$ としてもその性質は変わらないことが分かる．すなわちこの方法で f の ϕ に関する積分を規定すると過大評価になりがちであるし，関数の大小は積分の大小に直結しない．

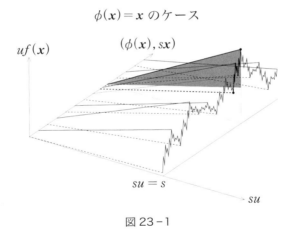

$\phi(x) = x$ のケース

図 23-1

そこで非負値 0 次連続関数 f の**無向積分**に関しては懸垂写像を経ず，直接 $\Phi_s(x, u) = (sx, \phi(x), uf(x))$ の像（すなわち上の失敗方式において su という成分が欠落したもの）の $n+1$ 次元の度量の，$s \to 0$ における極限値と定める．ここで A を f の上界，B を下界とするとき $A|\phi|$ は無向積分の上界，$B|\phi|$ は下界をなす．ここから定義域の分割により，積分の和が和の積分を与えることが導かれる．そこで正値も

負値もとる 0 次連続関数の積分値は非負値のときの積分値の差として規定するが，この値は両関数の取り方によらない．もちろん関数の線形結合は積分の線形結合に直結する．また無向量が実効切断であるときは 0 次連続関数の積分は実効切断となることが分かる．

ところで R^m の部分集合の n 次元の度量は ∞ を込めて確定するというわけではない．その意味で正確に述べると「正数値の 0 次連続関数 $\alpha(s)$ を適切に選ぶと，いかなる正数値 0 次連続関数 $\beta(s)$ に対しても，$\beta(s) \leq r \leq \alpha(s)$ をみたす範囲で $v^n(r, \mathrm{Im}(\phi_s))$ が (r, s) に関して 0 次連続」であるときの $(r, s) \to (0, 0)$ に関する極限値をいう．ただこの定義に変更したからといっても現段階では親向性が確認できていないので，ϕ が絶対連続であっても被覆度の絶対値が広義積分可能であることを今の段階で保証できているわけではないのである．以下では無向度量に関するこの新しい定義に沿って具体例を調べてみよう．

3. 曲線と 1 次連続写像

例に当たってみよう．まず $n=1$ のときはこの定義が「曲線の長さ」に一致することが三角不等式から導かれる（例 22-3 はそれに該当する）．一方 ϕ が 1 次連続であれば無向版の値はどの定義でも同じ値をとり，偏平均変化率のなす行列 $\dfrac{\partial \phi}{\partial x}$ を J とおくと，次のように表すことができる（例 22-1, 例 22-2 はそれに該当，以下では x も ϕ も列ベクトルで表すことにする）．

$$\int (\det({}^t J J))^{1/2} d\bm{x}.$$

ここでは証明のアウトラインを述べてみよう．本書の定義は姉妹編版より大きい値をとるので，この積分以上の値をとる．そこで定義通り，正数 s ごとに ϕ_s の像の n 次元の度量が $\int (\det({}^t J_s J_s))^{1/2} d\bm{x}$ 以下

であることを示したい．それには n についての帰納法で進める．要求誤差 ε が与えられたとき，正数 r_0 をうまく選び，これより小さい r に関して ϕ_s の像の r 近傍 U_s を想定する．定義域を座標平面方向に同じ個数 N に等分割する．さらに区分ごとに像の点から各法線方向に長さが r 以下にある点の集合 $U_s(k)$ をとり，これらで U_s を被覆する．さらにこういったすべての $U_s(k)$ の度量を大きめに測りながら，この区分での積分に対する拡大率が一斉に要求誤差の範囲で 1 に近づくようにしよう．

これができれば U_s 自体の積分に対する拡大率も 1 に近づくことになるので，以下この例を論じる間は U_s として十分細かく分割したものを扱うので番号 k は省略する．

まず像の点 $\phi_s(x_0)$ を固定してここでの接空間に向かって U_s を正射影する．この正射影の n 次元空間における度量は分割が十分細かくなっていれば $\det({}^tJ_sJ_s)^{1/2}$ の積分に近づく．そこで各分割部の正射影から各法線方向に r より少し長めの r' 以下の距離にある点の集合 V_s で U_s に代えることにする．

さて法線は長さ 1 のベクトル $\boldsymbol{u}$ により $\boldsymbol{v}=\boldsymbol{u}^t(J,-sE_m)$ とおくと $\|\boldsymbol{v}\|^{-1}\boldsymbol{v}$ と表され，その長さは s^{-m} を下回らない．その結果法線ベクトルを長さが 1 になるように調整したもの $\|\boldsymbol{v}\|^{-1}\boldsymbol{v}$ も 0 次連続である．一方で $\phi_s(\boldsymbol{x})$ と接空間への正射影の差を調べるには J_s の ($\boldsymbol{x}_0$ における値の) ほか，ϕ_s の $(\boldsymbol{x},\boldsymbol{x}_0)$ における偏平均変化率行列 J'_s を用いる．そこで $\phi_s(\boldsymbol{x}_0)+J_s(\boldsymbol{x}-\boldsymbol{x}_0)$ を $\psi_s(\boldsymbol{x})$ と表すとき，$\phi_s(\boldsymbol{x})$ と $\psi_s(\boldsymbol{x})$ の差は $(J'_s-J_s)(\boldsymbol{x}-\boldsymbol{x}_0)$ と表されるがこの長さは所期の長さ以上である．

したがって要求誤差 (正数) d に対して分割を細かくすることにより，$\|\boldsymbol{v}\|^{-1}\boldsymbol{v}-\|\boldsymbol{v}_0\|^{-1}\boldsymbol{v}_0$ と J'_s-J_s はいずれも成分の絶対値が d 以下になるようにできる．すなわち U_s の点は対応する $\operatorname{Im}\psi_s$ の点 $\phi_s(\boldsymbol{x})$ を介して $\phi_s(\boldsymbol{x}_0)+J_s(\boldsymbol{x}-\boldsymbol{x}_0)$ と $dr+d\|\boldsymbol{x}-\boldsymbol{x}_0\|$ 以下の距離にある．

いよいよ V_s の度量を大きめに見積もってみよう．U_s の正射影

は $\mathrm{Im}\,\psi_s$ から $dr+dnN^{-1}$ 以下の距離にある．一方で $\mathrm{Im}\,\psi_s$ は n 次元平行体であり，その ($n-1$ 次元の) 面の度量は ${}^tJJ$ の対角余因子 H_i の $\sqrt{}$ を N^{1-n} 倍したものである．したがって平行面間の距離は $N^{-1}\left(\dfrac{\det({}^tJJ)}{\det H_i}\right)^{1/2}$ である．すなわち U_s の正射影の度量は $\mathrm{Im}\,\psi_s$ のものに対する拡大率が次の値 h 以下である．

$$h = \prod_i (1+2(\det H_i)^{1/2} s^{-n} d(1+r\boldsymbol{N}^{-1}))$$

そこで $r'=r+dr+d\boldsymbol{N}^{-1}$ とおくと，V_s の度量は U_s の度量の $h(r'/r)^m$ 倍以下である．まず変化する値 r に対して N を $1/r$ の切り上げ整数にとることにする．その結果 r'/r は $1+2d$ 以下であり，h の因子は $1+4(\det H_i)^{1/2} s^{-n} d$ 以下である．そこで $h(r'/r)^m$ が要求誤差に応じて十分 1 に近くなるように定義域の刻み幅を定め，それより小さい正値 r_0 をとって r にはそれ以下の値をとるという制約を加える．

以上のことから，任意の許容誤差に対して刻み幅を十分小さくすれば $v^n(r,\mathrm{Im}(\phi_s))$ の値は $v_n(\mathrm{Im}(\psi_s))$ の和で肉薄できる．一方で $v^n(\mathrm{Im}(\psi_s))$ の和は所期の積分に近づくので，次のとおり所期の結論を得る．

$$v^n(\mathrm{Im}(\phi_s)) = \int (\det({}^tJJ))^{1/2} d\boldsymbol{x}.$$

4. まだまだ心配ない話

1 次連続写像に対する公式が確認できたところで例 22-4 について調べてみよう．結論からいえばこれは $(\det({}^tJJ))^{1/2}$ の広義積分となり，姉妹編版と一致する．まず ϕ_s は任意の正数 a に対して $\boldsymbol{x}_1 \geqq a$ においては 1 次連続であるので，この範囲における無向度量は

$(\det({}^t\!J_s J_s))^{1/2}$ の積分となる．このことから無向度量は当該の広義積分以上であるが，逆向きの不等式を示したい．そこで $p>1/2$ のときに ϕ の $\boldsymbol{x}_1 \leqq a$ における度量の $a \to 0$ における極限値が 0 であることを示そう．そのため ϕ の定義域が $\boldsymbol{x}_1 \leqq a$ に制限してあるものとして，ϕ_s の像の r 近傍 U_s の度量を大きめに測ろう．

U_s の第 1 成分を $\boldsymbol{x}_1$ に固定したものは ϕ_s の像の第 1 成分を $[\boldsymbol{x}_1-r, \boldsymbol{x}_1+r]$ の範囲のどれかに固定したものの r 近傍の総体 $S(\boldsymbol{x}_1)$ に含まれる．また $S(\boldsymbol{x}_1)$ は ϕ_s の像の第 1 成分を $\boldsymbol{x}_1$ にした上で，第 2 成分を 0 にしたものを頂点とし 1 にしたものを底とする錘面の r 近傍である．この集合の代わりに錘面を平面に展開してから r 近傍をとると，度量を大き目に測ったことになる．その主要部は展開面の度量 $\times 2r$ であり，面の方の度量は $(\det({}^t\!J_s J_s))^{1/2}$ を第 1 成分に $[\boldsymbol{x}_1-r, \boldsymbol{x}_1+r]$ の範囲という制約をつけて $(\boldsymbol{x}_1, \boldsymbol{x}_2)$ に関して積分した値である．したがって U_s の度量は今求めた積分の $2r$ 倍を $\boldsymbol{x}_1$ に関して広義積分したものの方が大きい．それは $(\det({}^t\!J_s J_s))^{1/2}$ の $\boldsymbol{x}_1$ に関する広義積分の $(2r)^2$ 倍となり，それを πr^2 で割ったものは $a \to 0$ に伴って 0 に近づく．

このように旧来よく扱われていたような例に対しては，総じて本書流の定義は姉妹編流より計算に手間がかかるように見える．しかしそのことは親向性の成立に一縷の望みをつなぐよすがとなっている．ただ現時点ではそれを保証できてないので，単に面倒くさい定義だと映るかも知れない．もっとも親向性をみたす「本来の」定義があるとすれば，それは ϕ に対する本書版を超えないであろう．したがってそのときは本書版でも向きの不等式をみたすことになる．逆に言えば仮に親向性が本書版の定義のもとで保証できないのだとしたら，それはこの定義のせいではないといえるであろう．その点が姉妹編版までとの重大な違いである．そしてこの定義なら写像に対して無制限に切り貼りするという虐待を加えないで済む．

前述したように，この方式で親向性が一般的に成立するのかとい

うのは今の時点ではよく分からない．この定義では ϕ_s の像という，$n+m$ 次元空間における図形の n 次元の度量を経由しており注意を要する(一般的には「切断」として表されたとも言い難い)．

第24章　有向度量と有向積分…応用編

　第22章では有向積分の基礎理論の側面を論じたが、この章ではその後を受けて、応用に直結する理論に話題が進む．前章において「無向度量」としてどの定義を採用するかを宣言したので「絶対連続性」，「親向性」もそれに随伴する．この点には気をつけておく必要がある．

1. 基本定理

　まず根本的なところからいうと、絶対連続かつ親向的な写像の直積は絶対連続かつ親向的である．絶対連続性は前章で解決済みであるが親向性については向きの不等式を直接調べると分かる．

　次に ϕ が絶対連続かつ親向的であるとき、結論からいうと非負値の 0 次連続関数 f の ϕ に関する懸垂写像は絶対連続かつ親向的である．前章で述べたとおり、絶対連続性は懸垂写像に遺伝するので、問題になるのが懸垂写像の親向性である．これに関しては実数 α ごとに、ϕ を $f(x) \geqq \alpha$ となる点のなす X の部分集合 $X_{f \geqq \alpha}$ を考える．大ざっぱにいえば ϕ を $X_{f \geqq \alpha}$ に制限したときは親向的であるから懸垂写像にも適用されるのである．もちろん $X_{f \geqq \alpha}$ は有限個の矩形の集合体でないので、いささか修正を要する．

　これを修正するにはまず懸垂写像 ϕ に関する $|\nu_\phi|$ の広義積分に対して誤差の要求精度 ε が設定され、これに呼応して $|\nu_\phi|$ の値に上限値 N

が与えらたとする．そこで Φ の絶対連続性により正数 r をうまくとって $\mathrm{Im}(\partial(X\times I))$ の r 近傍 U の度量が ε/N 以下になるようにとる．次いで $X\times I$ を有限個の開矩形で被い，その Φ による像が U に包含されるようにする．ここで $X\times I$ から上記の被覆を除いた図形 P に前段の議論を適用する．その結果 $\mathrm{Im}(\partial P)$ は U に包含されるので，U の外部では $|\nu_\Phi|$ の値に影響しない．つまり $\Phi|_P$ の絶対値度量は $|\nu_\Phi|$ の U への制限を広義積分した値を下まわらない．ここで ε としてすべての正数を亘って考えるとき Φ の無向度量は絶対値度量を下まわらないことが分かる．

以下で扱う写像は絶対連続かつ親向的であるものとする．この前提のもと懸垂写像についての議論を踏まえて，非負値の 0 次連続関数の有向積分について述べよう．まず有向積分は実効切断であり，無向積分を超えない．また通常の (広義) 積分と同じようにまずは定義域の分割に関する加法性をもつ．そして線形性をもつ．

有向積分の線形性定理 $\quad \int (af+bg)d\phi = a\int f d\phi + b\int f g d\phi.$

ここに a, b は定数 ϕ, f, g は 0 次連続関数とする．証明は略する．

1 次連続写像に限ると変数変換の定理をもつ．

変数変換定理 $\quad \psi$ を $\mathrm{Im}\,\phi$ から $X = R^n$ への 1 次連続写像とし，J_ψ は正の下界をもつものとする．このとき

$$\int f d(\psi \circ \phi) = \int f \cdot (J_\psi \circ \phi) d\phi.$$

証明は積分の変数変換定理を広義積分に翻訳することによって得られる．

註 1 次連続写像は絶対連続であり，また J_ψ の有界性から親向的である．

2. Gauss, Green, Stokes の定理

ユークリッド空間の有界部分集合 X の元に対して，その後半 $n-1$ 変数部分を y，残りを x，また y 方向への正射影を π_y と表記する．このとき R^m 上の 0 次連続関数 P, R^m に埋め込まれた複体 S から R^m への 0 次連続写像 ψ に対して，積分 $\int P \circ \psi d(\pi_y \circ \psi)$ が存在すればこれを $\int_\psi P dy$ とも表すことにする．特に n が 1（または 2 で ψ が 1 次連続）のときは通常「P の曲線（または曲面）ψ に沿った y に関する**線積分**（または**面積分**）」と呼ばれている．

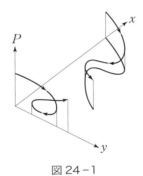

図 24-1

Gauss, Green, Stokes の定理　P を R^m 上の 1 次連続関数，ϕ を（n 次元単体）S から R^m への 0 次連続写像とする．ただし ϕ の ∂S への制限 $\partial \phi$ に対して $\pi_y \circ \partial \phi$ が $n-1$ 次元の意味で，また i ごとに $\pi_{(x_i,y)} \circ \phi$ が n 次元の意味で絶対連続かつ親向的であるものとする．このとき次の等式を得る：

$$\int_{\partial \phi} P dy = \sum_i \int_\phi \frac{\partial P}{\partial x_i} d(x_i, y).$$

ここに S を構成する各単体において $\partial \phi$ 上の積分は ∂S を構成する各表面複体上の積分の和とし，そこでの向きは $\pi_{(x_i,y)} \circ \phi$ の向きを x_i の値が大きい側では正，値が小さい側では負になるように定める．また和は y に出現しない変数の番号 i をわたるものとする．

第24章 有向度量と有向積分…応用編

通常いうところの Stokes の定理は $n=3, m=2$, Gauss の定理は $m=n=3$, Green の定理は $m=n=2$ のケースを指す．いずれもここでのものとは少々見かけが違うが，そのことについては後節で述べる．

次の例はいわゆる Stokes の定理に対する簡略化された形での実演であるが，実はこれが一般的な形でのものの伏線となっているのである．しかし内容はほとんど同じである．

例 24-1

$S = \{(s,t) \mid 0 \leq s, \ 0 \leq t, \ s+t \leq 1\}$, $\phi(s,t) = sA_1 + tA_2$, ただし定点 A_i は (x_i, y_i, k) で与えられるものとし，$P = ax + by + cz$ とする．また便宜上 S には s を第 1 座標，t を第 2 座標として向きを与えておく．

$$\int_{\partial \phi} P \, dz = \int_{t=0}^{t=1} (ax_2 + by_2 + ck) kt \, dt + 0 + \int_{s=1}^{s=0} (ax_1 + by_1 + ck) ks \, ds$$

$$= \frac{k(a(x_2 - x_1) + b(y_2 - y_1))}{2},$$

$$\int_\phi P_x \, d(z, x) = \int_\phi a \, d(z, x)$$

$$= \int_{z=0}^{z=k} \left(\int_{x=\frac{x_1}{k}}^{x=\frac{x_2}{k}} a \, dx \right) dz$$

$$= \int_{z=0} \frac{a(x_2 - x_1) z}{k} \, dz$$

$$= \frac{ka(x_2 - x_1)}{2},$$

$$\int_\phi P_y \, d(z, y) = \int_\phi b \, d(z, y)$$

$$= \int_{z=0}^{z=k} \left(\int_{y=\frac{y_1}{k}}^{y=\frac{y_2}{k}} b \, dy \right) dz$$

$$= \int_{z=0} \frac{b(y_2 - y_1) z}{k} \, dz$$

$$= \frac{kb(y_2 - y_1)}{2}.$$

3. Gauss, Green, Stokes の定理の証明

Gauss, Green, Stokes の定理は字面の上では姉妹編におけるものと同じである．ただ積分の定義を以前のものと異にしているので，証明し直さなければならない．

証明はまず S 自体が単体で P が x の 1 次式であるケースに帰着される．すなわちこれが保証されるときは任意の正数 ε に対して S を十分に細かく単体分割して n 次元単体ごとに P と $\dfrac{\partial P}{\partial x_i}$ を一斉に誤差 $\dfrac{\varepsilon}{mB}$ 以下に近似すると両辺の差を集計したものは ε 以下になるので，登場する各被積分関数の 0 次連続性と各写像の絶対連続性，親向性より結局両辺は等しいことが分かる．ここに B は ϕ および $\partial\phi$ の向きなし度量に共通の上界とする．

次に線型性定理により P が個々の変数の 1 次式であるケースに帰着する．まず $P=x_j$ のとき右辺で被積分関数が 0 にならない項は $i=j$ のもののみである．一般に 1 の積分は写像の有向度量に一致するので，この項は左辺の定義式と同じ値をとる．

P が y の変数の 1 次式（簡単のため ϕ の像において正値としてよい）のとき，右辺の各項はすべて 0 である．そこで左辺を定義通り関数 P の $\pi_y \circ \phi$ に関する懸垂写像の被覆度を広義積分で求めたい．さて P は y のみに依存するので，点 (u, y) における被覆度は u が $[0, P(y)]$ の外では 0，内部では $\pi_y \circ \phi$ に関する被覆度の ± 1 倍である．ところでこちらの値も 0 である（この事実は「被覆度」が区分的 1 次写像による近似の選び方によらず一定していることと表裏一体である）ので，累次広義積分により左辺は 0 である．

4. 通常の教科書における Gauss, Green, Stokes の各定理

本書やその姉妹編は通常の書物といささか書きようを異にしていると

きがある．それは後者が応用面から自然発生的にできたものであるのに対し，前者はそこから筋道を簡明化しようとしたものだからである．そこで通常の書物との橋渡しをしておこう．まず通常の書物での記述を紹介しよう（本書の表記との比較のため，等号の左右を逆にしている）．

Green の定理

$$\iint_D (Q_x - P_y)dxdy = \int_{\partial D}(Pdx+Qdy).$$

Gauss の定理

$$\iiint_D (P_x+Q_y+R_z)dxdydz = \iint_{\partial D}(Pdydz+Qdzdx+Rdxdy).$$

Stokes の定理

$$\iint_D \{(R_y-Q_z)dydz+(P_z-R_x)dzdx+(Q_x-P_y)dxdy\}$$
$$=\int_{\partial D}(Pdx+Qdy+Rdz).$$

左辺ではすべての座標軸（あるいは座標面）に対する積分を網羅するように記述してあるが，内容は個々の積分に分解される．例えば Q（や R）が 0 なら，（特に Gauss や Green では両辺とも単項化され）かなり簡明になる．そういう理由から本書では分解した形で記述しているのである．

例 24-2

$$n=m=3, \quad P=U_x, \quad Q=U_y, \quad R=U_z.$$

この例は物理学的に非常に重要な意味をもっている．すなわち左辺

において積分される量は U のラプラシアンと呼ばれるもので，地点における U の「湧きだし」を意味する．Gauss の定理はこの積分が流出入量の境界における積分で得られることを表す．

特に境界が 1 次連続な関数で規定されているときは「法線」という概念が確定するので，右辺はポテンシャル U の傾斜ベクトル (U_x, U_y, U_z) の外向きの法線方向積分と認識される．

通常の書物における Gauss の定理や Stokes の定理では変数の順序の巡回的置換に関して不変である．一方 Green の定理では Q_x の係数は＋であるのに P_y の係数は－と，符号が煩わしく振る舞っている．この理由を知るには通常の書物の記述における D や ∂D の「向き」の意味を捉えておく必要がある．

本書では D における向きを変数の順序を (x, y) にするか (y, x) にするかによって ∂D における向きを形式的に決めている．しかし通常の書物のルールでは，D においては (x, y)，∂D においてはこの順に平面座標で表したとき反時計回りに向きを付けている．これが Green の定理における符号の煩わしい振る舞いの原因となっているのである．

右・左など自然界における向きの定義は堂々巡りに陥る．南中する太陽が昇ってきた方向が左，沈み行く方向が右…という説明は北半球でしか通用しない．箸を持つ手が云々という約束事を持ち出すのは話が逆である．

このように左右の説明は結局のところ人間という生き物に話が向かう．例えば人間の大多数が自然発生的に右利きだということ，あるいはまた心臓が左にあるということ（こちらは孵化直後のヒメダカでも観察できることではある）…．ただいずれも論理的必然性は見えてこない．

それよりもアミノ酸に 2 通りの光学異性体があって自然界には片方のみが圧倒的に存在していることの方が因果関係を見いだせそうである．つまり自然界のアミノ酸が生物により再生産されていることによるのであろうが，最初のアミノ酸がなぜ今のものになったのかを説明

することはできまい．

　素粒子の世界では「左・右」による識別もあるようだが，これとて日常的な意味での左右に結びつくという話は寡聞にして知らない．我々を取り巻く状況を我々とは無関係な宇宙人に通信で伝えきることはできないであろう．

　というあたりで最後に有名な謎を投げかけておこう．我々は鏡を見たとき左右が反転した像を見てとる．なぜ上下反転ではないのか．曰く「人は左右対称にできているから」，「人は重力世界に生きるから」，…？ちなみに著者が好きなのは「左右反転するに非ず，上下反転するに非ず，前後反転するなり」．

　何度でも自らに問いかけ，分かった・分からないを繰り返す価値のある公案であろう．怎麼生（そもさん）！

第25章 無向度量，その不都合な事実

　第23章では本書以前の定義と変わりのない例を扱ってきたが，本章では帰結が異なってしまう現象を扱う．そのためかなりワイルドな話になる．第23章の冒頭で述べたとおり，写像の度量・積分に関しては絶対連続性の他に親向性が問題になる．さて有向度量の定義を本書の方式にしたとき，親向性（とその基礎になる向きの不等式）が成り立つためには無向度量は十分大きい値をとることが望まれる．そこで新しい定義を導入するに当たって，仮に ϕ に対する有向度量に関して「本来の」ものがあるとすれば，一般的にいって ϕ_1 の像の度量はそれを下回らないであろう…と述べた．実はこの定義により親向性について，姉妹編版の定義に対して知られている反例の反例たる根拠を回避できるのである．

　反面，ワイルドな状況では素朴な思い込みがかなり制約される．例えば0次連続埋め込み写像一般に対しては無向度量は必ずしもその写像自体の像の無向度量に一致しない（例23-1の懸垂写像を参照）．本章で挙げる例は $m = n = 2$ で，0次自己同相写像である．本来なら $m = n = 3$ にして，姉妹編版の定義における親向性の反例「多重巻き写像」を挙げたいところだが，これは写像を具体的に構成するのがひどく困難である．そこで「多重巻き」を「反転」に簡素化することにし，それを $m = n = 2$ で実行することにした．

第 25 章 無向度量，その不都合な事実

1. 奇妙な曲線たち

まずは 2 次元単体 (3 角形) への Peano 曲線，すなわち像が 3 角形全体になる 1 変数の 0 次連続写像から．

> **例 25-1**
>
> Δ を 2 次元単体とし，$[0,1]$ から Δ への 0 次連続写像 ϕ を次のように作る．まず始点と終点および $\phi(1/2)$ が Δ の相異なる頂点になるように定め，$\phi(1/2)$ と対辺の中点を結ぶ線分により Δ を分割する．ここで $\left[0, \dfrac{1}{2}\right]$, $\left[\dfrac{1}{2}, 1\right]$ の像がこの分割単体に含まれるようにとることにする．さらに $\phi(1/4)$, $\phi(3/4)$ は分割で生じた (同じ) 頂点になるようにする．以下この操作を延々と続け，一般に $[0,1]$ の点 x に対する $\phi(x)$ はこれらの点の極限によって規定する．
>
>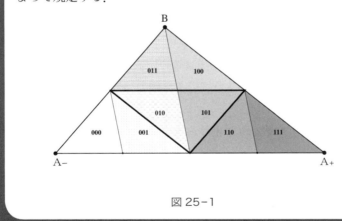
>
> 図 25-1

このとき問題になるのは分割が進んだときに分割 3 角形の差し渡しが 0 に限りなく近づくという保証である．これを実現するために当該単体に対して各辺の中点 3 つをつないで得られる相似比 1/2 の単体 4 つを考える．このとき，前ほどの分割を 3 回続けた結果生じる分割

単体はどれもこの 4 つのハーフサイズ単体のどれかに内包される．したがって分割が進むにつれ分割単体の差し渡しは 0 に近づく．なお Peano 曲線を作るというためだけなら「中点」より「垂線の足」の方が簡便であるが，さらなる展開のためにはこの方法の方が好都合である．

例 25-2

$\frac{1}{2}$ 未満の正値をとり 0 に収束する数列 $\{p_n\}$ を考える．ここで例 25-1 における各ステップの単体から次の単体に進む操作を変形して Δ の相異なる頂点 $+$，$-$ の間に単体と接続頂点の交互鎖を作っていく．初期状態では鎖は $+$，Δ，$-$ とし，以下では鎖が与えられた状態を考え，それを構成する各 2 次元単体に注目する．当面は添え字 n を省略する．まず頂点のうち鎖の結節点となる頂点を A_+，A_- とし，残りの頂点を B とする．A_+ と A_- の中点を O とし，B から O に向かってその行程の p 倍進んだ点を P，P と $A_\pm$ の中点を $Q_\pm$ とする．さらに O から $Q_\pm$ に向かってその行程の $\frac{p}{1-p}$ 倍進んだ点を $R_\pm$ とする．

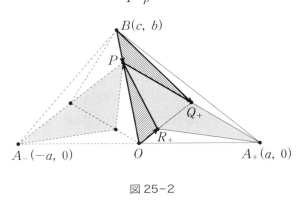

図 25-2

こうやって頂点 $A_\pm$，B がなす単体の箇所を $A_\pm$，$R_\pm$，P がなす単体（複号同順）2 つと頂点 B に置き換えることにより鎖を細かくしていく．

このとき n を十分大きくとっておくことで，3 ステップ進んだ時点での単体がどれも差し渡しが元のものに対して例えば $2/3$ 倍以下になるようにできる．こうやって生じる鎖の極限状態は曲線を実現する．

前の例で述べたように Peano 曲線を作るというためだけなら「中点」より「垂線の足」の方が簡便であるが，このくだりに来ると鈍角三角形も想定せねばならない．そのため「垂線の足」よりも「中点」で表す方が適している．

2. 奇妙な 0 次同相写像とその「無向度量」

本節ではこの例における無向度量を計算してみよう．便宜上 $A_\pm$, B の座標をそれぞれ $(\pm a, 0)$, (c, b) とする．当面，複号の一方側だけを扱っている間は添え字 $\pm$ も省略する．

そこで Δ から Δ に向かって以下のような 0 次連続写像 ϕ を作る．まず極限の曲線（の像）においては不変とし，各ステップにおいて鎖の外側にある点は PL 写像で写す．このとき OPR はこの順に BPQ に，また OAR はこの順に BAQ に写るようにする．

さてこれら 4 つの単体はどれも度量 $S = \dfrac{|ab|p}{2}$ をもつが，正数 s に対する ϕ_s をこれらの単体に制限したとき，その度量は偏導関数行列 J_s を用いて $K = {}^t J_s J_s$, $D = \det K$ とおくとき $\sqrt{\dfrac{D}{2}}$ と表される．ここで（BPQ とそれに対応する OPR）に注目し，ϕ をここに制限したときの ${}^t J_s$ の行ベクトルをそれぞれ表示する．以下ではベクトル OA は $\boldsymbol{a}$, OB は $\boldsymbol{b}$ と略記する．

$$BP = (-sp\boldsymbol{b}\,;(1-p)\boldsymbol{b})$$

$$BQ = \left(s\left(\frac{(1-p)\boldsymbol{b}+\boldsymbol{a}}{2}-\boldsymbol{b}\right)\,;\,p\frac{(1-p)\boldsymbol{b}+\boldsymbol{a}}{2(1-p)}\right).$$

このときの D の p に関する定数項は $s^2(b^2+c^2)((\pm a-c)^2+b^2)$ である．しかしこのことだけで $p \to 0$ のときの極限状態を論じるには慎重

を要する．何しろ a, b, c の比は分割の進行に伴って有界ではない．

さて対称行列 K の成分はこれらの内積であり，その $(1, 1)$ 成分は $\langle a, a\rangle$ の定数倍，また $(2, 2)$ 成分以外は $\langle a, a\rangle$ と $\langle a, b\rangle$ の1次結合である．このことから D は必然的に $\langle a, a\rangle$, $\langle a, b\rangle$, $\langle b, b\rangle$ の斉2次式であり，$\langle a, a\rangle^2$ の項は係数が0である．

問題を単純化するため a_+ の側から生じる $\sqrt{D_+}$ と a_- の側から生じる $\sqrt{D_-}$ を足し合わせ，さらに生じた和を $\sqrt{D_+ + D_-}$ に置き換えると対象を小さめに測ったことになる．このとき斉2次式 $D_+ + D_-$ における $\langle a_\pm, b\rangle$ に関して1次の項は相殺する．ここで $\langle a_\pm, b\rangle^2$ の項は $-\langle BP, BQ_\pm\rangle^2$ に由来するものに限られる．それゆえにその係数は必然的にマイナスである．このことから $D_+ + D_-$ における $\langle a_\pm, b\rangle^2$ を $\langle a_\pm, a_\pm\rangle \cdot \langle b, b\rangle$ に置き換えた結果を F とすると，これは $D_+ + D_-$ を小さめに測ったことになる．

以上を総合すると，F は $\langle b, b\rangle$ で割り切れ，残る因子は $\langle a_\pm, a_\pm\rangle$ と $\langle b, b\rangle$ の1次式である．ここで $\sqrt{F}$ を $|ab|$ で割ってから $p \to 0$ を実行する（そのためには a や b の係数自体に極限をとってよい）．その結果は $\dfrac{s\sqrt{a^2+b^2+c^2}}{2a}$ となり，$\dfrac{s}{2}$ 以上である．このことから ϕ_s をステップごとに生じる鎖の差の部分の $\dfrac{1}{4}$ に制限したときの度量が鎖そのものの度量の $\dfrac{s}{2}$ 倍以上の値をもっていることになる．

ここで n 番目のステップまでの $1-2p_n$ の積を $\varPi_n$ とするとき，n 番目のステップにおける鎖の度量は $\varDelta$ の度量の $\varPi_n$ 倍以上になる．したがって $\varPi_n$ が0に収束しないときはもちろん，そうでなくても級数 $\varSigma \varPi_n$ が発散すれば ϕ_s の度量は ∞ である（その意味で懸案になっている向きの不等式を妨げない）．例えば $\varPi_n = \dfrac{1}{n+1}$ すなわち $p_n = \dfrac{1}{2(n+1)}$ のときはそれに該当する．

今挙げた例では然るべき条件の下では ϕ_s の像の2次元の度量は ∞

であり，したがってその設定のもと本書流の定義では写像 ϕ の度量も ∞ である．つまり姉妹編版の定義とは帰結が異なるが，向きの不等式を妨げない（例 22-4 では点 0 の近くを削れば 1 次連続になることを利用して，姉妹編版と同じ結論を得ている）．

ちなみにこの例は $m=n$ なので絶対値度量が定義され，その値は ∞ ではなく有向度量の絶対値である．「0 次同相埋め込みなのに像の度量を写像の度量とは認めない，そんなことがあってもよいのか…」，そういう声も聞こえてきそうであるが，これに対する答えは次節で実例を挙げて論じよう．

3. 姉妹編方式の泣き所 ……3 次元の巻き付き写像

例 25-2 を一言で説明するなら，2 次元単体を分断する異様な曲線を境とする反転写像である．本書流定義には「0 次同相埋め込み写像の像の度量は写像の度量になってほしい」という素朴な予想が通用しないのである．さりとて姉妹編版がいいかというと，こちらはこちらで有向無向ともに作為的で実行困難な定義に甘んじることになる．すなわち右辺が有限値だと左辺より小さくなることを心配せねばならない（その点，本書流のようにこの右辺が ∞ であれば左辺より小さくはない…と，とりあえずの申し訳がある）．

この「副作用」は杞憂ではない．定義域上で正の度量をもつ曲線を軸としてその周りに複数回巻き付ける写像では被覆度の広義積分は定義域の「巻き付き回数」倍である．一方で姉妹編版での無向度量では軸の部分は 1 重に数えるのみである．その結果，この例では姉妹編版の意味では絶対連続であるが向きの不等式は崩れる．
もっとも，軸上の複数回巻き付きを実現するには 2 次元では不十分，最低 3 次元を要するのである（参照：R^3 において正の体積をもつ Jordan 曲線を巡って，日本数学会年会 実函数論分科会 2016 年 3 月）．概説しよう．

例 25-2

3次元の球において普通の体積の他に中心軸上に長さに比例する追加的な度量を加算したものを考える．実はこの異常な代物 C（キャッツアイ）が一つの 0 次同相写像 ϕ によって普通の 4 面体と「度量」を変えないまま写り合うのである．すなわち C 側では中心軸に沿って $4!$ 個の小球，4 面体側では小 4 面体の鎖を作る．そして両者の鎖の外側を対応づける．このことを小球にも適用し続ける．

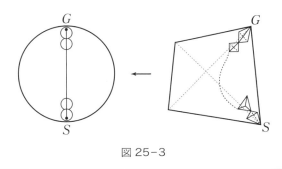

図 25-3

こうやって対応づけた後 4 面体側から C へ写し，ここで軸の周りで偏角を整数倍化することで多重巻きにする．しかる後に 4 面体側に写し戻す．それによって問題の巻き付き写像 ϕ が 4 面体上に実現する．しかし姉妹編版での有向の度量は軸に対応する部分を一重にしか計上しておらず，本書流の有向度量の下で姉妹編版の有向度量を用いると向きの不等式は崩れる．

向きの不等式が崩れるというのは「絶対連続性から有向度量の存在を保証できない」ということに直結する．それゆえ本書流でもこの例を解釈し直したいが，次元が 1 つ大きくなることで問題は極端に複雑になる．まず ϕ の構成に用いた 4 面体と C の間の対応は一通りには決まらないし，区分的に 1 次写像というわけにいかなくなる．ただ例 25-2 で見たように，「異様な」曲線の周りで伸縮比が有界でない写像では度量が有界に収まりそうにない（もちろんこの「多重巻き」もご多分に漏

れまい）．

　また前章第1節で述べたように本書流の「有向度量」のもとでは，仮に向きの不等式がこの定義で崩れるならまともな定義では崩れるといえるであろう．その意味でも著者自身は向きの不等式の一般的成立にかなり信憑性があると思っている．もちろんこの種の例に「可算無限加法」を持ち込んでしまうと，極限の議論により ϕ の有向度量は姉妹編版と一致し ϕ はその意味での絶対連続となるが向きの不等式は成り立たない．

　ところで例25-2のように同次元の0次同相埋め込み写像に限れば，像の度量は「有向度量」という，「無向度量」よりも少し捉えやすい対象の絶対値に一致する．しかしながら本書の方式では0次同相埋め込みだからというだけでは像の度量を写像の度量とは認めないことになる．しかしそれは例25-3において「無向度量が∞である」として向きの不等式の破綻を回避する方策となっていると思われる．

　というわけで前節末の疑問に答えよう．本書の文脈では有向度量は「（『実効的』とは限らない）切断」の差と捉えることができる（切断については通常のDedekindの切断ではなく，姉妹編参照）．そしていかなる分割小単体に制限しても被覆度が一定符号であるというときには「（±∞も込めて）切断」となり，さらに0次同相埋め込みのときはその絶対値が像の度量という「実効切断」に一致している．

　それをことさら無向度量という本来的に不安定な概念に結びつける必要もあるまい．逆によく似た例25-3において，無向度量が有限値だとする世界観は向きの不等式を阻害するというもっと切実な不具合を引き起こすトロイの木馬となったのである．自己同相写像の度量が定義域の度量でなく∞になることもあるという一見快くない結論は向きの不等式を守る防波堤であるといえるのではあるまいか．

　姉妹編版のように切ったり貼ったりする方法では同じ概念を思い描いてもいろいろな定義が考案できる．その多くはそこそこな性質ならみたすが必然性が見えないまま，そこそこなままでも定義できたような気分になってしまう．その結果，まともな（本来の？）ものがあっても多くの候補の中に埋没して見過ごされる懸念がある．

夏目漱石の「夢十夜」(第六話) の主人公は明治の世に現れた運慶に倣って木塊に宿るという仁王像を掘り出そうと，自宅にあった木塊を片っ端から調べる．しかしうまくいかず，「明治の木にはとうてい仁王は埋っていないものだ」と得心する．掘り出せないのは「埋まっていない」ことを意味しない (明治の世に現れた運慶が掘り出した木も同じ明治のものに相違あるまい)．掘り出している…つもりでも，仁王の心に適っていないだけのことである．

　　姉妹編 ：『納得しない人のための微分積分学再入門』
　　　　　　　　　　　　　　　　　（現代数学社，2013 年 3 月）

エピローグ

　本書の背後にはプロローグで述べたことの他にもう一つの動機がある．それは 2001 年 2 月号から 1 年間，「理系への数学」に連載したときからのスローガンである「微積分学（基礎解析学）のスリム化」である．これを一言で言えば「云々という等式をみたすものが存在する」というドグマは微妙な話題として棚上げし，「＊＊の存在が認定されたものを基に何某の手法で構成されるものには＊＊が存在し，云々という等式が成立する」かどうかの議論に混入させないというものである．

　微積分が本格的に扱われるようになったのは 17 世紀後半，Newton, Leibniz の時代といえよう．当時から「限りなく近づく」のような議論に対して神学者たちから痛烈な批判が浴びせられたが，微積分はその画期的な有用性ゆえになし崩し的に認知されていった．しかし無頓着さが度を超して，怪しげな議論が闊歩するようになり，これにタガをはめるべきだという機運が出てきた．それが Cauchy に始まる 19 世紀の動きである．

　さらに 19 世紀が終わろうという頃，Cantor により発案された集合論はこれまでの議論を整理するのに格好の手段となった．そして微積分はそれを先物買いして，その上に構築された．集合論は発生当初から脆弱さが指摘され，それを修復したり公理の独立性を検討したりしながら今日にまで至っている．

　そんなことは解析学には関係ない，自然はそのような危うさを持たない…という議論はあながち間違いとはいえない，自然について語っているつもりの内容と自然それ自体とは全く異なると認識してさえいれば．

登場間もない集合論を積極的に取り込んでできた Lebesgue 積分論は微積分の発展形として定番扱いされているが，広義積分と極限の交換に関して当初から脈絡なく付加されていた「優関数条件」を本質的に解消できないまま 1 世紀以上を経ている．すなわち「連続関数(各点連続関数)」に対して 20 世紀にできた拡張概念によって極限との交換を実現するには(集合論のもと)必然性の見えない十分条件に甘んじることになる．

　ところで Lebesgue 積分の土台をなす集合論はかなり巨大な装置であるが，20 世紀の前半にはすでに「集合論」どころかもっとスリムな「自然数論」でさえ，その無矛盾性を担保する術はないということが明らかになった．どうせ無矛盾性を担保できないなら五十歩百歩…という立場に著者は与しない．安全を確認できないなら可能な限りスリムで見通しのよいものにしたい．

　当面の矛盾を逃れて慣習化した体系に甘んじると広範なニーズを無視しがちになる．さりとてニーズを金科玉条にして身勝手な理屈がまかり通るのは食い止めたい．実際に行われている計算に対して当否の判定ができる充実した体系であって欲しい．理論と応用とどちらが大事か…，どちらも大事に決まっている．どちらが欠けても胸を張るわけにはいくまい．本書はその両立を追求したものである．

2019 年 7 月 20 日

山﨑洋平

索　引

◆ 1〜9, A〜Z ▶▶▶

0 次同相埋め込み　38
0 次連続　29
1 次連続　51
1 変数の広義積分　178
C^m 級　80
Gauss, Green, Stokes の定理　223
Lipschitz 条件　133
m 次同相埋め込み　82
m 次連続　82
Minkowski Content　142
p 次元の度量　142
r 近傍　140
Schwarz の提灯　136
U^1 級　79
U^m 級　79
x 断面　159
ρ 部分　182

◆ あ行 ▶▶▶

一様連続　24

◆ か行 ▶▶▶

各点連続　24
ガンマ関数　178
軌跡　129
懸垂域　124
懸垂写像　33, 205
曲線　129
広義積分　182, 184
広義の度量が A 以下　182
広義の度量が A 以上　182
広義の度量が A に等しい　182

◆ さ行 ▶▶▶

写像の 0 次連続性　31
重層的　167
親向性　209
親向的　209
正則　60
積分　124
絶対値度量　207
絶対連続　207
漸近列　184
全次元　120
線積分　223
相対次元の度量　142

◆ た行 ▶▶▶

超越関数　112
直積写像　46
凸　133
導関数　51
度量（広さ）　120

◆ な行 ▶▶▶

長さ　129

◆は行▶▶▶

微係数　51
微分　51
ファイバー写像　33
平均変化率　51
偏導関数　79
変動細分系　163
変動漸近列　185
偏平均変化率　82
ベータ関数　188

◆ま行▶▶▶

面積分　223
無向積分　215
無向度量　213

◆や行▶▶▶

ユークリッド空間　29
有向積分　205
有向度量　205
余次元　142

著者紹介：

山﨑洋平（やまさき・ようへい）

- 1947 年　富山市生まれ
- 1970 年　大阪大学理学部数学科卒
- 1975 年　大阪大学大学院理学研究科博士課程単位取得
- 同年より　大阪大学勤務
  （理学部，医療技術短期大学部，教養部，理学部，大学院理学研究科）
- 2012 年　退職

理学博士（京都大学・数理解析専攻）

著　書：納得しない人のための微分・積分学（再）入門，現代数学社，2012 年

自然流微積分
――20 世紀からの覚醒――

2019 年 10 月 20 日		初版 1 刷発行
著　者	山﨑洋平	
発行者	富田　淳	
発行所	株式会社　現代数学社	

〒606-8425 京都市左京区鹿ヶ谷西寺ノ前町1
TEL 075 (751) 0727　FAX 075 (744) 0906
https://www.gensu.co.jp/

装　幀　　中西真一（株式会社 CANVAS）
印刷・製本　亜細亜印刷株式会社

検印省略

© Yohei Yamasaki, 2019
Printed in Japan

ISBN 978-4-7687-0518-6

● 落丁・乱丁は送料小社負担でお取替え致します．
● 本書のコピー，スキャン，デジタル化等の無断複製は著作権法上での例外を除き禁じられています．本書を代行業者等の第三者に依頼してスキャンやデジタル化することは，たとえ個人や家庭内での利用であっても一切認められておりません．